ANIMAL ETHNOGRAPHY

新・動物記 1

キリンの保育園

タンザニアでみつめた彼らの子育て

齋藤美保
SAITO MIHO

京都大学学術出版会

タンザニアの、肌をジリジリと刺すような強い日射しも少し和らいできた夕方。右手にノートとペン、左手に双眼鏡を握りしめた私は、落ち葉が敷き詰められたミオンボ林の林床にそっと腰をおろす。

周りに溢れるうるさいほどのセミの声、川の方角から時折耳に届くアフリカンフィッシュイーグルの甲高い鳴き声。そして風に揺れる木の葉の優しい音に包まれながら、私はキリンという、この優雅で、でもどこか可愛らしい野生動物をじっと見つめる。今、私は彼らと同じ時と場所を生きている。

ミオンボ林の中に立つ3頭の成獣。ふと目線を外すと、彼らは林の中に紛れ込んでしまう。
実はもう1頭、頭は隠れて身体だけ写っている個体がいるのだが、見つけられただろうか。

性・年齢だけでなく亜種の違いによって体色が異なる場合もある。ナミビア共和国で観察したアンゴラキリン(*Giraffa camelopardalis angolensis*)は、マサイキリンよりも体色が薄い。

生後0日目

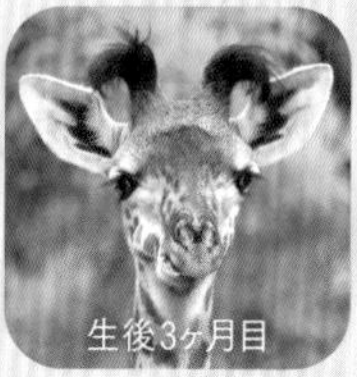

生後3ヶ月目

皮骨からなる角は、よく目立つ頭上の2本と、そのちょっと前にある額の1本の、計3本だ。産まれた直後はまだ頭骨にくっついておらず、成長と共に頭骨にくっつく。後頭部には頭骨からなる2本の角があり、それらを含めて「角は5本」という説もある。

出生直後の赤ちゃんの角はペタッと折りたたまれているが、数週間後にはふさふさのパイナップルみたいな角毛になる。

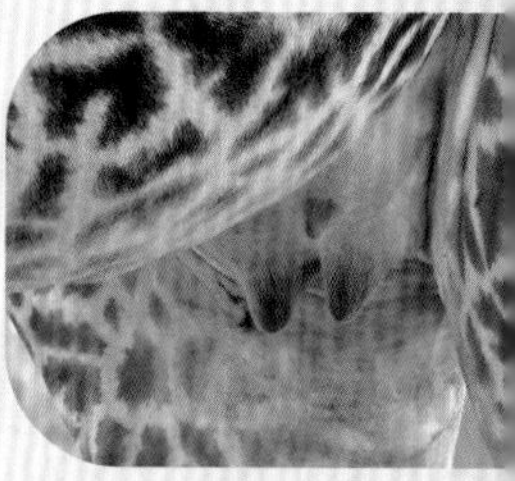

尻尾はハエたたきにもなる。長い尻尾を勢い良く左右に動かしている時は、シュッシュッと結構大きな音がする。

ウシと同じくキリンの乳房は、独立した4つの分房からなる。それぞれの分房に乳首があり、1回の授乳の間に、仔はその4つの乳首を行ったり来たりしながら母乳を飲む。(p.113動画参照)

一頭一頭、身体の模様が異なり一生変わることがないため、模様は個体識別にもってこいだ。(p.97写真参照)

45cmにもなる長い舌を使って枝葉を巻き取って食べる。舌の先端の色は紫色だが、根元はピンク色だ。その長い舌で自分の鼻をほじることもでき、観察しているとその場面を結構目撃する。

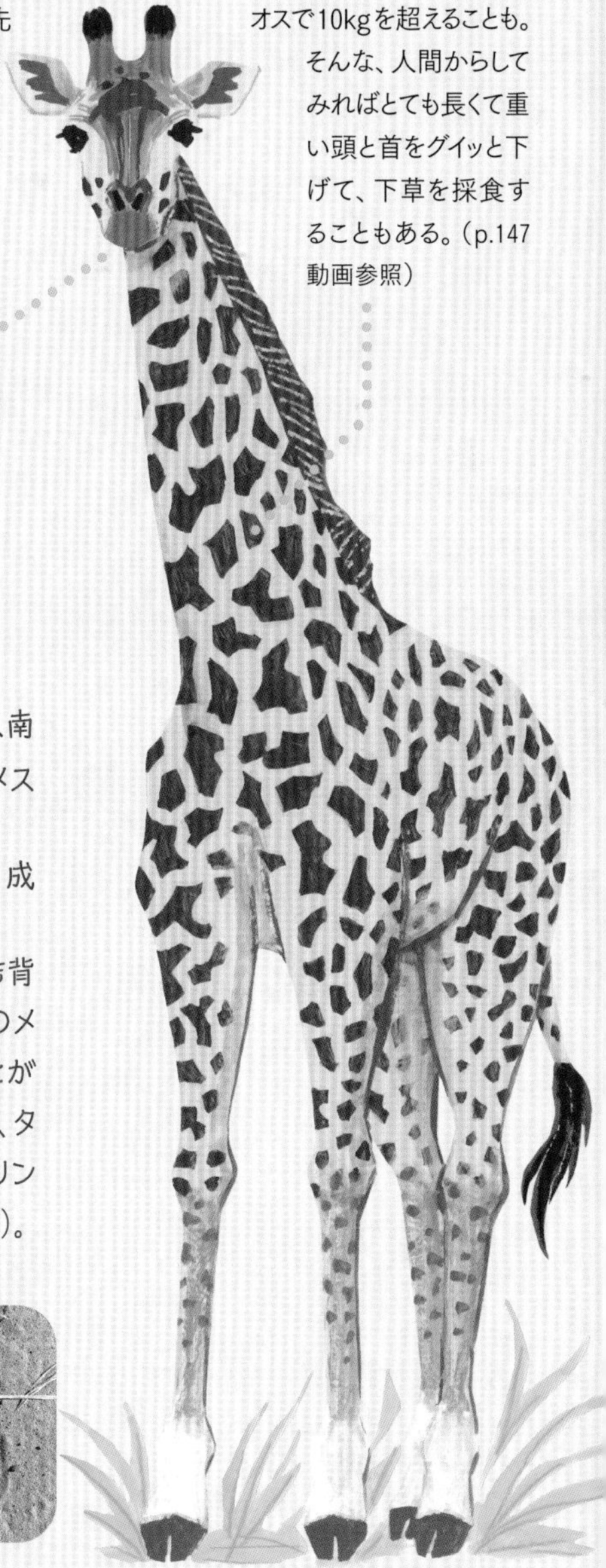

頭と首を合わせると、その長さは成獣オスで最長約2.5m。頭骨の重さは成獣オスで10kgを超えることも。そんな、人間からしてみればとても長くて重い頭と首をグイッと下げて、下草を採食することもある。(p.147動画参照)

研究対象紹介

キリン

Giraffa camelopardalis

哺乳綱鯨偶蹄目キリン科

生息地 アフリカ大陸のサハラ砂漠以南

体長(最大) 成獣オスでは6m、成獣メスでは4.5 m

体重(最大) 成獣オスでは1400kg、成獣メスでは1000kg

言わずと知れた、現生動物の中で最も背の高い動物。縄張りを持たず、群れのメンバーは数時間から数日で変わることが多い。筆者が研究対象としているのは、タンザニアとケニアに生息するマサイキリン(*Giraffa camelopardalis tippelskirchi*)。

キリンの足跡。鯨偶蹄目であるキリンの蹄は、2つに分かれている。この写真からは、より強く踏み込んだ痕が残っている、写真上部に向かってキリンが進んで行ったことがわかる。

採食中のお母さんの脚の間から、こちらをみつめていた仔と目線があった。

キリンの母仔

キリンは産まれてから母仔だけで過ごすのではなく、複数の母仔ペアで構成される保育園に入る。保育園は仔の成長と共にだんだんと見られなくなるが、授乳は1年半ほど続くので、母仔はまだまだ一緒に行動する。

生後1ヶ月ほどにもなると、仔は前脚を開いて首をグイッと曲げないと母乳が飲めない。こんな時、首が長いのは一苦労だ。

授乳の様子

草原で下草を食べたいときはこんな体勢にもなるし（左上）、立派なトゲがある樹木（右上）も食べる。
採食中に後を付けてくる人間（右下）や、警戒中に頭にとまるアカハシウシツツキ（左下）を気にしない個体もいる。

草原、そしてミオンボ林でのキリンの一日

日が高くなり、休息のために草原からミオンボ林へと向かうキリンたち

キリンの一日の行動パターンは、朝方の涼しい時間帯は草原で集中的に採食。お昼が近づいて暑くなってきたら、ミオンボ林に移動してその木陰で立ったり座ったり、反すうもしながらまったり休息。そして夕方、日が陰ってきたら草原に戻ってまた採食だ。

成獣オスの休息の様子

[左上から右下へ]家の玄関前にいたゾウの集団／木陰で気持ち良さそうに昼寝をするメスライオン／めったに出会わないリカオン／暑い昼下がり、素敵な休息場所を見つけたサバンナモンキー／母親の後を常にぴったりと追うサバンナシマウマの仔／林の下の力持ち、フンコロガシ

調査地のカタヴィ国立公園には、キリンの他にもたくさんの生き物が暮らしている。彼らとの出会いは、日々のフィールドワークを色鮮やかに彩ってくれる。

調査を彩る出会い

一日の調査が終わってもう一歩で家に着くというとき、夕日が輝く中こんな光景に出会うと、ここでフィールドワークをしていて本当に良かったと感じる。

目次

2章　入園……35

はじめに

私たち、人間の子供が、家族以外の他人と初めて集団生活を送るきっかけの多くは、保育園や幼稚園への入園ではないだろうか。保育園や幼稚園といった場は子供たちがこれから生きていくうえで必要な社会性を育み、言葉や習慣といったものを学ぶために大切だ。そして、お母さん、お父さんたちにとってみれば、保育士さんが我が子を見守ってくれているおかげで職場に向かうことも、家事をスムーズにこなすこともできるようになる。みなさんは、そんな人間の世界の保育園なるものが、動物の世界にも存在することをご存じだろうか。もちろん人間と動物の保育園では若干の違いが存在するのだが、それは後々紹介していきたいと思う。

私は、キリンが「保育園」をつくることを知ってから、アフリカ大陸のタンザニア連合共和国（以下、タンザニア）に生息するマサイキリン（*Giraffa camelopardalis tippelskirchi*）の仔育てを研究テーマに、山越え谷越え彼らを追いかけてきた。この本は、彼らの仔育てをみつめる中でわかってきた、キリンの生きざまについて描いた物語だ。そしてタンザニアで出会った、魅力あふれるたくさんの野生動物や人々との交流についても記している。この本を通して、読者のみなさんの「フィールドワーク」に対するワクワクが膨らみ、さらにキリンの野生での暮らしを私の目を通して見ることで、アフリカの大地を悠々と闊歩するキリンの姿や仲間たちとともにたくましく生きるキリンの姿が、みなさんの想像の中でほんの少しでも動き出してくれればうれしい。

ゾウの足跡がくっきりと残された、林の中を縦横無尽に走る獣道をたどっていけば、もしかするとキリンに出会えるかもしれない。

1章

入園準備

1 繋がるキリンの命

出産はひっそりと

キリンの特徴はなんといってもあの背の高さ、そしてその高さを生み出す長い首と脚だろう。成獣（オトナ）のオスでは、脚先から頭の最頂部まで（頭頂高）が六メートルに達することもある。昔、台北市立動物園を訪れたときに、中国語でのキリンの表記が「長頸鹿」だということを知り、彼らの様相をよく表している名前だな、と思った。キリンの仔は、産まれたときには頭頂高がすでに一・八メートルほどある。お母さんは座って出産するわけではなく、立ったまま仔を産み落とす。そのため仔は、お母さんの脚の長さ、約二メートルの高さからドサッと地面に落ちることになる。ただし出産時には、お母さんのお腹から仔の前脚と頭が先に出てくるので、胴体と後脚が出てくるまでに頭はかなり地面近くにまで降りている。そのため、産み落とされた瞬間の頭への衝撃は多少軽減されている。ちなみに私は、野生キリンの仔は何頭も見てきたが出産場面にめぐり合ったことはない。「キリンの仔育てを研究しているのに出産場面を見たことないの？」とガッカリした読者もいるかもしれない。でも、みなさんの日常生活をちょっと思い返してほしい。きっと、通学・通勤途中やスーパーに行く途中で、電線に止まっているカラスやハト、スッと道路を横切るネコを見かけたことがあると思う。でも、彼らの出産シーンを実際に見たことがある人はどれだけいるだろうか。というのも、産まれたばかりのヒナや仔はまだ立ち上がるのにも必死で、動物種によっては生後しばらく目も開いていないことさえある。そんな弱々しい状態の仔が捕食者、あるいは食べ物をめぐって争う他種に見つかってしまえば、簡単に捕らえられてしまうだろう。だからお母さんは、できるだけ目立たない場所を選んでそこで出産するのだ。群れをつくる動物では、出産間近になるとお母さんが他個体から離れて一人でひっそりと出産する例も報告されている。それだけ出産というものは、お母さんが慎重にならざるをえない大イベントであり、そんな理由で私はこれまで一度もキリンの出産を観察したことがなかった。

産まれたばかりのキリンの仔

二〇一九年の調査中、一頭の成獣メスの動きが気になった。そのメスは、私が「花の子」と呼んでいた個体だ。本人からみて左の首側面に、チューリップの花のような模様があるのが名前の由来だ。初めてキリン調査をおこなった二〇一〇年から観察を続けている個体で、普段は他のメスやオスたちと一緒の群れにいることもある。しかし、その調査期間の途中からは、一人きりでいる彼女の姿がこれまで以上によく確認された。ときには、脚をケガしてゆっくりとしか歩けない成獣オス（6章第2節「隠しきれなかったケガ」参照）と行動をともにしていた。体調でも悪いのだろうかと、よくよく彼女を観察していると、なんとなくお腹が膨らんでいるようにも見える。ちなみに、私はキリンが妊娠しているかどうかは、これだけ野生のキリンを見ていてもいまだに自信を持って言うことができない。それでも、しばらく花の子の観察を続けて他のメスたちのお腹の大きさと見比べていると、やはり花の子は妊娠しているのだとだんだん確信がわいてきた。今までキリンの出産を見たことのない私にとっては、それを観察するまたとないチャンスだ！　しかし、私の調査期間の終わりがもう目前に迫っていた。お腹の仔はけっこう大きくなっていそうだがキリンの妊娠期間は約一五ヶ月と長く、一体いつ産まれるかはわからない。さらに私はキリンの観察を日中の間だけおこなっている。だからといって「出産は日の出ている間にして！」と花の子にお願いするわけにもいかない。調査地を離れる日が近づいてくるのを意識しながら、一人でいる花の子を見つけては「まだ産まれていないかぁ」とガックリしていた。

調査地を離れる日が六日後に迫った朝のこと、調査を手伝ってくれるレンジャーといつものように一緒に林を歩きだして、二〇分後の出来事だった。木立の向こうに花の子を見つけた。行動観察をするため獣道に沿って少しずつ彼女に近づいて行くと、様子がいつもと違ってずっと一ヶ所で立ち止まっている。この時間帯ならせっせと食べ物を食べているか、美味しい食べ物を目指して木々の間をスーッと移動していることが多いのだが。今日はどうしたのだろうか、と目をよく凝らして見ると、彼女の脚元に頑張って立ち姿勢を維持しようとしている仔がいた。一応立ってはいるが、まだ脚元がおぼつかなく、身体がゆらゆらと揺れていて全身の毛もまだ濡れている。私から新しく誕生した仔までは距離にして五〇メートルほどだった。花の子は私とレンジャーの存在に気づきなが

仔の身体が早く乾くよう、お母さんが仔の身体を丁寧に舐めている。

らも、それほど緊張はしていない様子だ。仔の方は立っていることに精一杯、まったく私たちの存在に気づいていない。むしろ、私たちに気づいたとしても、仔は初めて見る「人間」という生き物が、警戒すべき存在かどうかわからなかっただろう。それまでの調査で、一人で灌木の木立の中に座ってい た生後二日目の仔に、私たちが気づかず三五メートルほどの距離まで近づいてしまったことがある。それでもその仔は人間に対する恐怖心はまだなかったようで、立ち上がって逃げることもせずじっと座ったままだった。私たち人間に対してどういう反応をすべきか、他のキリンからまだ学んでいなかったようだ。

私は、新しい命がぽっとその場に現れたことに喜びと驚きがわきあがってくるのを

お乳の場所がわからず、お母さんの前脚の間を必死で吸う仔（お乳は後脚の間にある）。産まれて数時間しか経っていないため、角は折れたまま、全身の毛が濡れていて、たてがみがぼさぼさなのが見て取れる。 〈動画URL〉https://youtu.be/HcTzv7OyoyA

感じつつも、花の子を警戒させないためにとりあえずその場に座ることにした。距離にして三五メートルほど先にいる母仔をよく見ようと双眼鏡を構え、ときにはビデオで撮影しながら観察を続ける。観察を開始してから一時間もすると仔の立ち姿勢も安定してきて、少しずつ駆け出し始めた。そして、これから生きていくうえでなくてはならない初乳を飲もうと花の子の下腹のあたりを探っている。キリンの四つの乳首は後脚の間にある（口絵4ページ）。しかし、どうやら仔は乳首の位置がわからないようで、初めはお母さんの前脚の間の皮膚のたるみにせっせと吸い付いていた。その様子を見ていた私は思わず笑ってしまったが、お母さんが、「そこは違うのよ」とでも言うかのようにスッと身体を動かした。その後、仔はお母さんの周りをうろうろ、よろけてお母さんの後脚の間に頭を突っ込んだりしながらも、やっと初乳を飲むことができたように見えた。

謎だった出産場所

ついさっきまでふらふらしていたのに、今は走るのが楽しくてしょうがないという様子の仔を眺めながら、「もしかしてキリンの出産場所はここなのだろうか。そうだとすれば、どこかに出産の痕跡が見つかるかもしれない」と私は考えていた。実はこれまで、キリンがどういった環境を選んで出産するかはわかっていなかった。お母さんと仔の姿を視界の片隅に捉えつつ、私はその場に座ったままそっと双眼鏡で周りの環境を見渡してみた。すると、キリンの母仔が今いるところから一〇メートルほど奥に、何かが朝日を反射してキラキラ光っているのが見えた。そこは、まさに私が朝一番に母仔を見つけた場所だった。母仔がそのキラキラした物体から十分に離れたところで、私はそれに近寄ってみた。母仔の観察を始めてからすでに二時間が経っていたが、その一見水のように透明な物体はまだ乾ききっていない。近くに落ちていた枝を拾って突いてみるとブニブニ、ドロッとしている。明らかに水ではないし、今は乾季の真っ只中の八月終わり、雨は数ヶ月間降っていない。この透明な物体はおそらく、お母さんのお腹のなかで赤ちゃんを包んでいた羊膜の一部だろう。花の子はこの場所で出産したのではないかという憶測が、だんだんと確信に変わっていく。そのエリアは普段の調査でも頻繁に通る場所で、木々が茂る林の中に直径二〇メートルほどの空間がぽっかりと広がっている。獣道の交差点なのか、その中心は下草が一本もなく白い砂がむき出しになっている。「こんな開けた空間がなぜ林の中にあるのだろう」と前から不思議に思っていたが、もしかするとこの場所をキリンのお母さんたちが繰り返し出産場所として使うことで下草がすっかりなくなった、なんてことは考えられないだろうか。

計二五ヶ月、五回にわたるタンザニアでの長期調査で、出産場所を特定できたのはたったこの一例だけだ。記録だけを見ると、データ収集ペースはありえない遅さだろう。それでも、この発見は私に新しい気づきと喜びを与えてくれた。日々の調査の多くは同じ作業の繰り返しで地味な道のりだけれど、ときどき、今まで想像もしていなかった瞬間との出会いがあるから、調査を続けることができる。

新しいキリンの命に出会ったこの時の私には、もう現地に滞在する時間は残されていなかった。これから、この産まれたばかりの仔が同年代の仔たちと出会って、保育園をつくっていく過程を見届けられない悔しさに後ろ髪をひかれる思いで、私はその年の調査を終えた。

2 キリン研究者の卵

ナイロビで過ごした幼少期

二〇一〇年、私はタンザニアでキリンを追いかけ始めた。しかしアフリカ大陸に生きるキリンを目にしたのは、そのときが初めてというわけではなかった。父の仕事の関係で、私は生後八ヶ月のときから四歳を迎えるまで、タンザニアの北側と国境を接するケニア共和国の首都ナイロビに住んでいた。ナイロビ時代の記憶があるのかというと、おそらく、いや、まったくないと言っていい。しかし、私がその後の歩む道を決めるうえで大きな影響を与えることになったものが、両親が撮りためてくれていたナイロビ時代の写真だった。当時の写真は今のようにデータで保存されているわけではなく一枚一枚現像されて、母のコメント付きでキレイに整理されて分厚いアルバム数冊に収まっている。

私は、小学生のときくらいからそのアルバムを見返すのがとても好きだった。キリマンジャロ山を背景に大人たちに交じって両手を広げてサヴァンナに立っている私、ケニア人の家政婦さんと食器を片付けている私。これは本当に私なんだろうか、まるで異世界にいる自分を見るような気分でアルバムをめくっていた。その中でも一番のお気に入りの写真が、当時の私の身体ほどもあろうかという大きな顔から長い舌を伸ばしてくるキリンに、ペレットと呼ばれる食べ物を与えている写真だった。他にも、現地に滞在していた日本人の子供たちと、キリンに食べ物を与えている写真がある。他の子供たちは、「この巨大な生き物は何だ」、とばかりに数メートル離れたところからキリン

ナイロビのGiraffe Centreにて、得意げな顔でキリンに食べ物を与えている筆者。

を凝視しているのだが、一方の私はキリンに食べ物を与えながら得意げな顔で写真に収まっている。この写真に付いている母のコメントには、Giraffe Centreの文字があった。ナイロビ郊外にあるその施設は今でも健在で、ウガンダキリン（*Giraffa camelopardalis rothschildi*）の保護から始まった野生動物保護区であり、人に慣れたキリンに食べ物を与えることができる。そういった写真を眺めながら年齢を重ねるうちに、「いつかもう一度アフリカを訪れてみたい。もう一度キリンに会いたい」という気持ちが私の中で大きくなっていった。いま振り返ると、その写真がなければ私はアフリカとキリンに対してこれほど愛着を持つことはなかっただろう。つくづく、子供に対する両親の影響は大きいなぁと実感する。もし、父がミラノに転勤していたら私はアフリカのキリンに興味を持つこともなく、ファッションに興味を示していたかもしれない。

まわりまわってキリン研究の道へ

小・中学生時代の私は、「アフリカでもう一度キリンを見る！」と常々思っていたわけではなく、飛行機の客室乗務員になりたいと思ったことも、イルカのトレーナーになりたいと思ったこともあった。一応進路について考え始めたのは高校進学時だが、将来アフリカに行くときに英語は必要だろうという安直な理由で、英語科に入学した。さて英語科に入ったはいいものの、将来何をしたいかよくよく考えるとやっぱり動物、できたらキリンにかかわりたいと思い始めた。結局、英語科の中にできた二〇人くらいの理数コースに入るというなんだかよくわからない状態に落ち着き、生物の勉強ができる大学に入学した。

しかし日本では動物、しかもキリンにかかわれる仕事がごろごろ転がっているわけではない。その頃、日本でキリンにかかわれる唯一の仕事は動物園の飼育員だと思っていた。家族の助けも借りながら調べてみると、動物園によっては飼育員の業務体験をさせてもらえる、飼育実習という制度があることがわかった。「よし、キリンにかかわる仕事を目指すならまずはこれだ！」と、大学三年生の夏に国内の二園で飼育実習をさせていただいた。その間、飼育員の方々にはたくさんのことを教えていただいたのだが、一つ引っかかることがあった。当時、混合展示といって異なる動物種を同じ空間に展示する動物園が多くなってきていた。たとえば、アフリカをテーマにした屋外放飼場では、キリンとシマウマを一緒に展示するといった感じだ。そんな中、飼育実習でお世話になったアフリカエリア担当の方が、「シマウマのオスは気が荒いから、トムソンガゼルやエランドにちょっかいを出すこともあるんだよね」とポロッと教えてくれた。

実習が終わった後もその言葉は引っかかり、「じゃあシマウマと一緒に展示されているキリンはシマウマと一緒にいることで迷惑したり、逆に良いことがあったりしないのだろうか」と疑問に思い始めていた。そしていつしかその疑問が「キリンとシマウマの混合展示が、キリンに与える影響について調べてみたい」という目標に変わっていた。しかし在籍していた大学では、動物園動物の研究はおこなわれていなかった。私が所属していたラクロス部の先輩からも、研究対象となる動物の最大サイズはラットだと実習前から少し耳に挟んでいた。半ば目を背けていたその事実に改めて直面したのは、実習が終わった三年生の後期に研究室を選ぶときだった。「生物」というキーワードだけに魅かれて入学したものの、私の下調べ不足で後戻りできないところまで来てしまっていた。しかし私には、「希望に合わないから退学します!」と言い出す勇気はなかった。

学部が無理なら大学院だとばかりに、大型哺乳類が研究できる環境はないものかと調べたが、まったく情報を得ることができない。他大学に行ったとしても、キリンの研究なんて難しいのかもしれない。キリン研究の夢は遠のくばかりに思われた。どうにも進む道が見えず就職の道も考え始めた大学三年生の冬に、当時京都大学霊長類研究所で所長をされていた松沢哲郎先生が私の大学に講演に来られた。講演では、先生の研究で有名な瞬間記憶課題に取り組むチンパンジー・アイの動画が流れ、チンパンジーの能力に衝撃を受けたのだが、何よりその講義中、先生が「最近は動物園動物の研究も進めています」とちらっとおっしゃったのを私は聞き逃さなかった。松沢先生ならキリンを研究できる場所を知っているかもしれない。講演が終わった後先生に、「動物園でキリンの研究がしたいんです」と伝えた。すると先生は、「去年京大に新しくできたセンターがあって、そこで動物園動物の研究をしている田中正之先生に話を聞くといいですよ」と教えて下さった。そのセンターが、その後私が六年にわたってお世話になる京都大学野生動物研究センターだった。

野生キリン研究への扉

当初私は、キリン研究といってもアフリカでキリンを観察できるとは思っておらず、先に書いたように動物園のキリンを対象に研究をしたいと思っていた。そして、迎えた大学院入試の口頭試問当日、私が今でも覚えている質問がある。動物園でのキリン研究計画について一通り話し終えた後、当時野生動物研究センターの准教授でタンザニアのマハレ山塊国立公園（Mahale Mountains National Park）でチンパンジーを研究していた中村美知夫先生が、「フィールドに行く気はありますか?」と質問をしてきた。「フィールド」の意味がよくわからず私がパッと反応を返さなかったからだろう、中村先生は続けて「つまり、野生のキリンを見に行く気はありますか?」と尋ねてきた。私は、その中村先生の質問に間髪入れずに「はい！　行きたいです！」と答えていた。

キリン研究、それも動物園のキリンではなく野生のキリンを研究する計画が具体的になっていったのは、無事に合格通知を受け取って、入学前に次期修士一年生が一堂に会したときのことだった。そのとき初めて指導教官が、入試前からお世話になっていた田中先生から伊谷原一先生に替わっていることを知った。伊谷先生は口頭試問のときにはじっと書類を見るだけで、何も質問をしてこなかった先生だ。その変更に頭の中ではクエスチョンマークが飛んでいたが、何よりも驚いたのが、そのとき伊谷先生から学生に向かって放たれた一言だった。「お前ら、とりあえず海外のフィールドに行ってこい」。動物園でのキリン研究計画などどこにいったのか、入試でアフリカの話は少し出たが、まさかこんなに目前にアフリカでの野生キリン研究のチャンスが転がってくるとは思わなかった。まだ頭が整理できていなかったが、一番に解決しなければいけないことは研究テーマの変更だ。私は動物園のキリンばかりを想定していて、野生キリンでこれまでどんなことが調べられているのか、ほとんど下調べをしていなかった。これはマズイ。ろくに英語論文を検索したこともなかった私のキリン研究は、情けないことにキリンに関する論文を先輩にダウンロードしてもらうところから始まった。

キリンの保育園を見たい!

初めて見る、難解な英単語がずらっと並べられた論文と格闘しているとき、気になる一文を見つけた。「キリンの仔は生後一年で、その半数が捕食などにより死亡する。」あんなに大きい仔が一年で半数も死ぬなんて信じられなかった。一体、キリンのお母さんはどんな仔育てをしているのだろうか、もしかしてちゃんと仔を見ていないのだろうか。たった一行の説明に想像がどんどん膨らむ。ちなみにその後わかったことだが、有蹄類では生後一年でその半数の仔が捕食されるのは珍しいことではなく、キリンの死亡率だけが高いとか低いというわけではない。しかし、当時はその数字の大きさに驚いてしまった。「もっとキリンの仔育てについて調べてみよう」と、論文検索サイトにそれらしい単語を打ち込んでもパッとした答えが返ってこない。それもそのはず、当時キリンの仔育てについての論文は一九七七年と七九年に発表された二本だけしかなかったのである。七七年の論文に至っては、当時オンライン上で手に入れることができず、雑誌を所有している他大学からコピーを取り寄せるしかなかった。

V・A・ラングマン、そしてD・M・プラットとV・H・アンダーソンによっておこなわれたこの二つの研究は私の今後の研究を進めていくうえで重要だったので、ここで少し詳しく説明しておこう。それらの研究は、南アフリカ共和国のクルーガー国立公園（Kruger National Park）とタンザニア北部に位置するセレンゲティ国立公園（Serengeti National Park）でおこなわれていた。どちらの国立公園もアフリカン・サヴァンナ（2章第2節「ミオンボ林」参照）が最もよく見られる植生だ。その環境で研究者はキリンの母仔を観察したわけだが、まずはキリンの仔育てについて簡単に説明しよう。キリンの仔育ては置き去り型（hider）と呼ばれる。[1] なぜこう呼ばれるかというと、お母さんが食べ物を探しに行ったり水を飲みに行ったりしている間、仔はお母さんに付いて行かずに藪などの茂みでじっとお母さんの帰りを待つからだ。置き去りにされることで仔は座ってじっとしていることができ、移動のためにエネルギーを消費しなくて済む。お母さんの方も仔を連れていては行きにくい場所を一人で訪れたり、遠出をすることもできる。この仔育て方法は、日本の野生動物にも見ることができる。春になると鳥獣保護センターに、「森の中で一頭でじっと座っていたからきっと迷子だ」と仔ジカを持ち込む人がいる。シカもキリンと同じ置き去り型の仔育てをするので、お母さんが採食に行っている間、仔ジカは安全なところでお母さんの帰りをじっと待っていたのだ。そのときに人間が仔ジカに遭遇すると、人間の方は周りにお母さんが見当たらず心配になり、仔ジカを保護センターに持ち込むというわけだ。仔ジカを森に戻しても人間の匂いが付いてしまった我が子をお母さんが拒否することもあるので、仔ジカが草むらのなかでじっとしていたら、そのままそっとしてあげてほしい。

話がそれたが、キリンの研究者たちはキリンがクレイシ（crèche）と呼ばれる、人間でいう保育園のような群れをつくることを記録している[1][2]。ちなみにクレイシは、フランス語で保育園という意味だ。保育園をつくる動物は他にも知られていて、たとえばキングペンギンだ。幼鳥は、キタオオフルマカモメやミナミオオトウゾクカモメといった捕食者や、風雨などから身を守るために幼鳥同士で身を寄せ合う。キリンの保育園が人間のそれと異なるのは、人間では忙しい両親に代わって保育士さんが子供たちの面倒を見てくれるが、キリンではそういかないという点だ。保育士さんがいるわけではないので、お母さんが仔のそばを離れる間、お母さんのうちの一頭が見守り役（ガーディアン：guardian）として仔たちのそばに残る。[1] ただ、時と場合によっては仔たちのそばにお母さんが一頭も残らないこともあるし、お母さんが仔を残して四キロメートルも離れたところまで移動していき、四時間半後に仔の元に戻ってきた、なんていう記録もある。[1][2] そんなに長い間仔たちだけで一体どのように過ごしているのだろうか。それに、一九八〇年代以降キリンの仔育てに関する研究は一つもおこなわれていない。動物園に行ったらすぐ会える、私たち日本人にも身近なキリン。それが実は彼らの仔育てに関してはほとんど研究がおこなわれていないという現状、そして「保育園」という言葉がキリンにも使われる意外性に心惹かれた。研究者としてひよっこの私でも、まだわかっていないことがたくさん隠れていそうなキリン研究の世界に一歩を踏み出していけるかもしれない。そうして、「よし！　キリンの仔育て、そしてそこから派生する保育園について研究しよう！」と心を決めた。今ではあまりない指導方針だとは思うが、「とりあえず現地に行って面白いものを探してこい」という伊谷先生の言葉の下、キリンの仔育てを新たなテーマに据えて、アフリカ大陸の東に位置するタンザニアへと旅立つことになった。

2章

入　園

1 いざ、タンザニアへ

調査地、どこにする？

日本からタンザニアへの旅路は、当時タンザニアでブッシュハイラックスを研究していた一年先輩の飯田恵理子さんと一緒に行くことになった。しかし、飯田さんの調査地にキリンはいない。だから、タンザニアに到着してしばらくしたら飯田さんとは別れることになっていた。タンザニアで野生動物調査をおこなっている研究者は他にもいたが、彼らのフィールドの多くは京都大学の故西田利貞先生がチンパンジーの餌付けに成功し、五〇年以上にわたってチンパンジー調査が継続されているマハレ山塊国立公園であった。残念ながら、マハレにもキリンはいない。つまりキリンの調査をしたいのであれば、調査地探しから始めよ、というわけだ。出国前から不安だけがどんどん膨らんでいくが、手元にある航空券の復路の日付は五ヶ月後だ。もちろん自分で予約したのだが、六月頭に日本を出発して一〇月末まで帰ることができない。何でこんなに先の航空券を買ってしまったのだろうと、自分の判断を恨む。現地に行ったらどういった場所でどんな生活を送るのかまったく想像できないし、何より国内のキリンですらしっかり観察したことのない私に、ちゃんとデータが取れるのか不安で仕方がなかった。同じ時期にチンパンジーを研究しにマハレに入った同期生は、

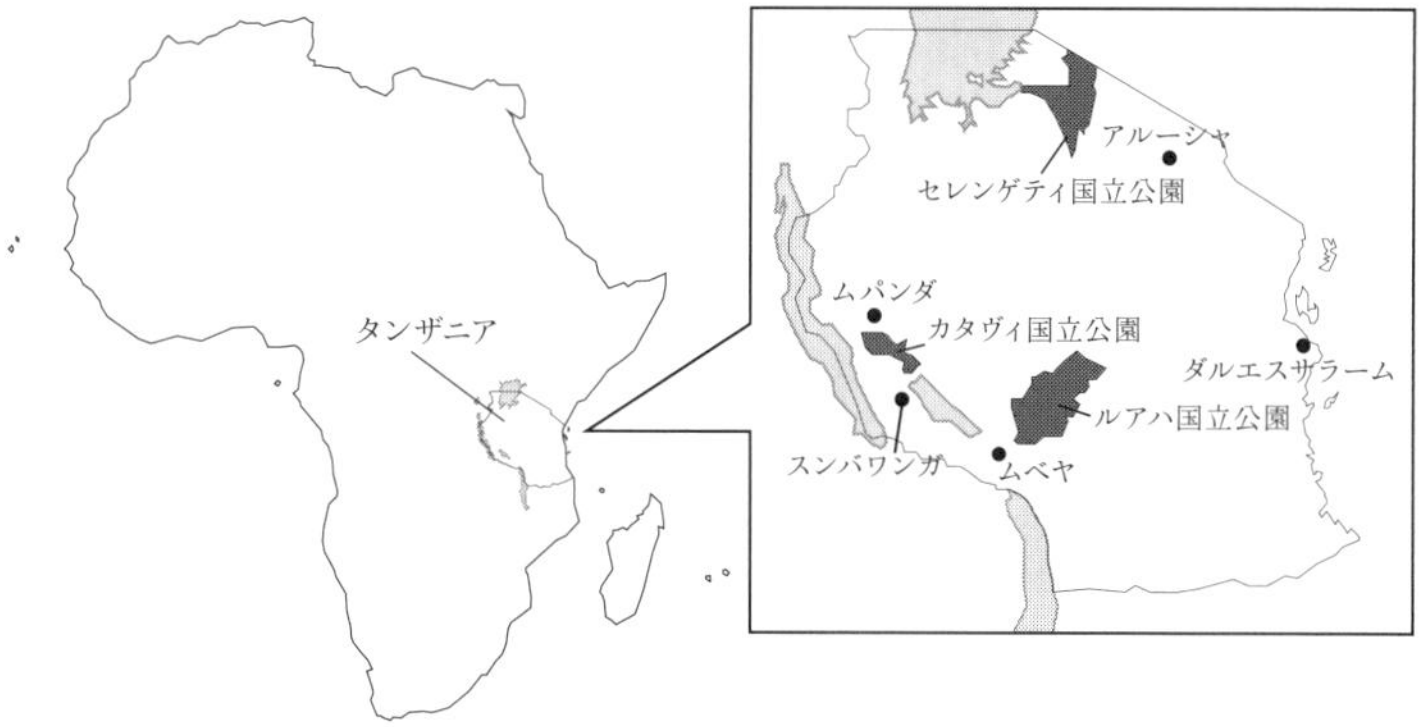

図1　アフリカ大陸地図とタンザニア国内地図

アフリカ大陸におけるタンザニアの位置（左図）と、タンザニア国内における本書に登場する町と国立公園の位置（右図）。灰色箇所は湖を示す。

指導教官と一ヶ月ほど行動をともにするということで、研究の相談ができる存在がすぐ近くにいることを本当にうらやましく思った。しかしキリンの研究がしたいと入学したのだから、覚悟を決めるしかない。現地は電気がないことも十分想定されたので、必要な文献や教科書は重い紙媒体のままスーツケースに詰めた。航空会社の定める重量制限ギリギリの重いスーツケースを引きずりながら、二〇一〇年の六月にタンザニア入りした。さらに数日遅れて伊谷先生もやってきた。しかし、多忙な伊谷先生のタンザニア滞在期間はほんの数週間だ。その中で、飯田さんを調査地に送り届けて、私の調査候補地をめぐらなければならない。

この時点で、私の調査候補地は二つあった。ルアハ国立公園（Ruaha National Park）とカタヴィ国立公園（Katavi National Park）だ（図1）。位置関係でいうと、そのとき私が滞在していた国際空港のあるタンザニア随一の経済都市ダルエスサラーム（Dar es Salaam、以下ダルエス）とカタヴィの間に、ちょうどルアハがある。セレンゲティ国立公園やンゴロンゴロ自然保護区（Ngorongoro Conservation Area）といった、日本のテレビ番組でもよく紹介され、欧米からの観光客が毎年わんさか訪れる観光地はタンザニア北部に位置している。一方でルアハとカタヴィはタンザニア南部に位置し、観光客がほとんど来ない。その差は歴然で観光客を乗せたツアー車がセレンゲティには一日何百台と訪れるのに、カタヴィはハイシーズンでも週に一〇台来ればいい方だ。その理由は、植生の違いやアクセスの悪さに原因があると思うのだが、それは後ほどお話ししよう。

さて私たち一行は、一つ目の目的地をルアハに定め、伊谷先生の運転するランドクルーザーで待ちに待ったサファリを開始した。ちなみに「サファリ」という単語は、東アフリカ諸国を中心に使用されているスワヒリ語で「旅」という意味だ。ダルエスを出発してしばらくすると舗装道路は途切れ、赤土の未舗装道路が現れた。よく北海道の観光誘致ポスターで一本道が坂の向こうに消えていく雄大な景色があるが、今私が見ている景色もそんな感じで、違いは舗装道路か赤土の未舗装道路かだ。目をよく凝らして遠くを見ると、なんだかのろしのようにも見える土埃があがっている。タンザニアには高速道路がなく、インド洋に面するダルエス港についた大量の物資をタンザニア内陸部、あるいはさらに内陸に位置するザンビア共和国やブルンジ共和国まで運ぶために、長距離大型トラックが一般道を走っているのだ。近年はまだマシになってきたが多くのトラックは使い古されているし荷物を大量に積むので、坂道で止まっているかの如くのろのろ走っていたり、道端で力尽きている姿もよく見かける。しかし、何よりも困ったのが、赤土の道路を速度の出ない大型トラックがたくさん走っているので、トラックの走行速度を上回る私たちのランクルは次から次へとトラックに追い付いて、そのたびに大量の土埃を被ることだった。そして、トラックを追い抜かそうと思っても土埃がもくもくと舞っていて前がまったく見えない。一応前を走るトラックのドライバーが、対向車の有無を指示器で教えてくれるのだが、それでも土埃の中を突き進んでトラックを追い越すときは毎回ハラハラした。

候補地1：ルアハ国立公園

ルアハは、タンザニアのちょうど真ん中あたりに位置している。タンザニアの国土は日本の約二・五倍で、ルアハはタンザニアで二番目の大きさの国立公園ということもあり二万二二六平方キロメートルの大きさを誇る。どのくらいの面積かというと、日本だとちょうど四国四県と大阪府を足したくらいの大きさだ。そうすると、たった一日の訪問ではとてもじゃないが公園各所を見て回れないのは想像に難くない。滞在時間が一日しかない私たちはひとまず園長と話をするため、公園内部に位置する事務所に向かった。残念なことに園長は出張中だったが、代理の女性と喋った様子では調査自体は歓迎してくれているようだ。ルアハには大きな岩がたくさん集まって遠くからは山のように見える場所や藪が生い茂って見通しの悪い場所もあるが、事務所がある場所は開けていてここならキリンの観察をしやすそうだ。しかし、問題が一つあった。公園面積が広すぎて事務所から最寄りの大きな町まで、さらにはトマトや青菜などほんの数種類の野菜を買うことができる村までも、車で数時間はかかる。車を持っていない私には、調査うんぬんよりもまず生活が成り立たないことが容易に想像できた。

ひとまず生活面での不安は残しつつルアハの視察を終えた私たちは、次の目的地であるカタヴィに向かった。ルアハを抜けて以降、標高二〇〇〇メートル前後の高原地帯が続く。サファリの出発点であったダルエスはインド洋に面しているため、時期によっては日中は蒸し暑く夜は熱帯夜になってなかなか寝付けない。しかし、ひとたびダルエスを離れて南部丘陵地帯に入ると、土埃を巻き込んだ風がビュンビュン吹いてきて、乾季は日中ですら歯がカチカチ鳴ってしまうほど寒い。先輩の助言でフリースを持ってきておいて良かった。穀倉地帯のムベヤ高原を抜けると、車の数がめっきり減り、道沿いにある村々の間の距離が確実に長くなってきた。延々と広がる大地を車から眺めていると、ときどき遠くにキラッと光る物がある。人家のトタン屋根が日の光を反射しているのだ。幹線道路からあんなに遠く、周りに村すらもないところに人が住んでいる。一体彼らはあそこでどんなたくましい暮らしをしているのかと想像を膨らませてみる。そしてダルエスを発って四日目、車の窓を閉めているのにもかかわらず赤土をたっぷりと被った私たちの目に、ついにカタヴィの案内看板が見えてきた。

候補地2：カタヴィ国立公園

タンザニアでは、国立公園によっては公園内を幹線道路が走っていることもあり、カタヴィも同様だ。事務所を目指してその公園内の幹線道路を走っていると、目前に橋が現れた。スピードを落としてその橋を渡っているとき、ふと川の方に目を向けると、なんとものすごい数のカバがいるではないか。動物園では一頭あるいは二頭で飼育されることの多いカバが、ここでは数十頭集まって水の中から鼻、目、耳を出してこちらを警戒していた。初めて見るカバの大群に目を奪われて、私たちは車を止めてしばしその光景を眺めていた。そして橋からさらに走って公園の境界を抜けしばらくすると、村が見えてきた。地図で確認するとシタリケ（Sitalike）村のようだ。小さい村ながらも露店があり、トマトが売られているのが見えた。小高い丘の上に電波塔も見える。

その日は、黄色でペイントされた数棟のロッジがある、鮮やかなピンクに色付くブーゲンビリアに囲まれたリバーサイドキャンプという施設に宿泊した。名前のとおり川（カトゥマ川）の土手にキャンプが広がっている。その川には、さきほど通った橋の下で見たより数は少ないが、それでもカバ数頭が私たちを警戒しながら水の中からプシューと鼻息を立てて耳をクルクルと回転させていた。この宿をたまたま選んで正解だったことは、カバを目の前で見ることができるだけでなく、このキャンプのオーナーであるジュマさんが英語を喋れたことだ。タンザニアの公用語はスワヒリ語と英語だが、内陸部に行くと英語を話せる人の数は格段に減る。私は日本を発つ前に少しスワヒリ語の勉強はしたものの、恥ずかしいことにほとんど頭に入っていなかった。そんな中、この地方の村で英語を話すことのできるジュマさんは非常に貴重な存在だった。そんなジュマさんに「実はキリン調査の候補地としてカタヴィを見に来た」と伝えると、「ぜひカタヴィで調査すればいい。困ったと

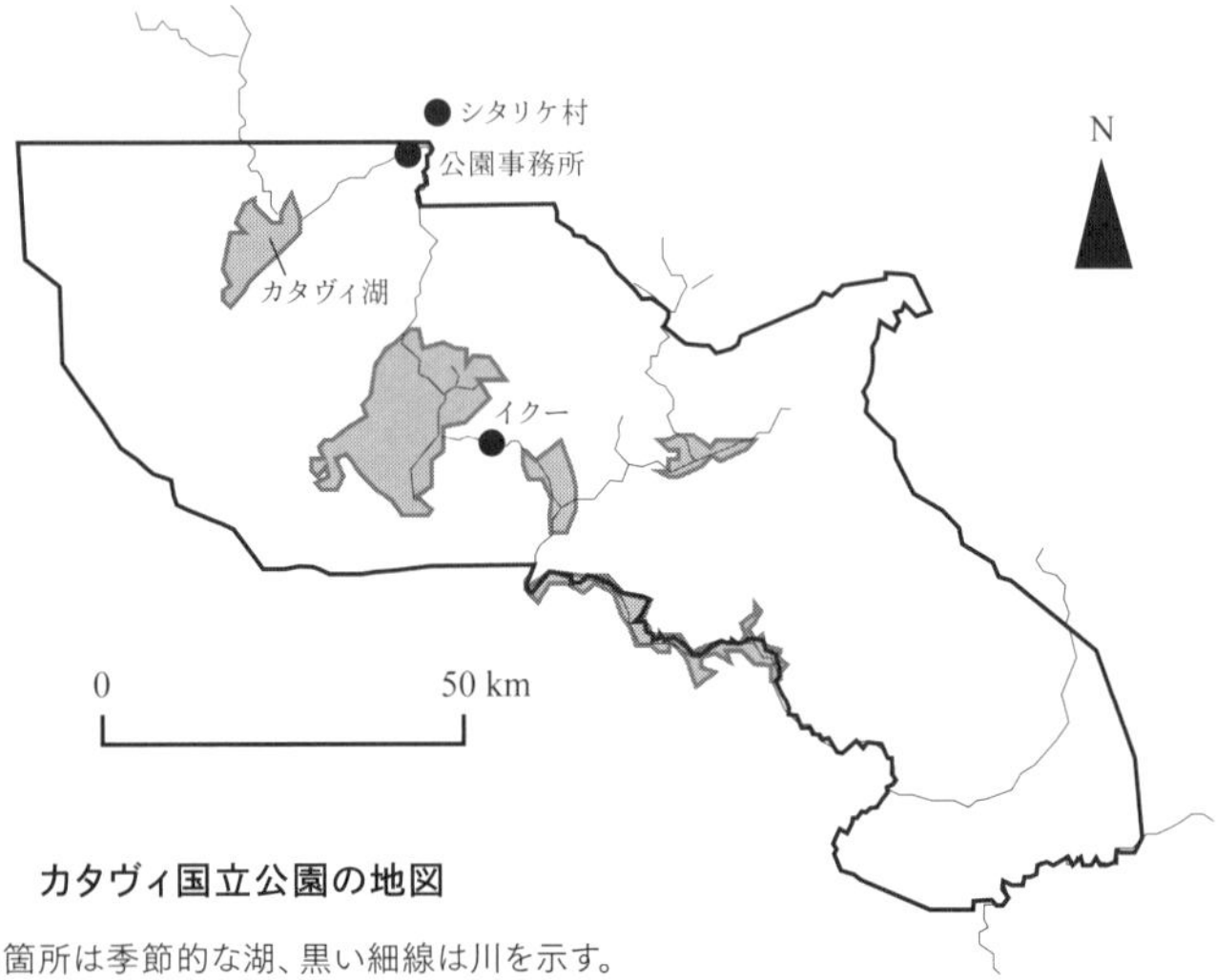

図2　カタヴィ国立公園の地図

灰色箇所は季節的な湖、黒い細線は川を示す。

きはいつでもサポートするよ」と、いきなりやってきた見ず知らずの私に優しい言葉をかけてくれた。ルアハを訪れた後、カタヴィも生活しづらいところだったらどうしようと心がどんより沈んでいた私にとって、少しほっとする瞬間だった。事務所への挨拶は明日だけれど、カタヴィはルアハより住みやすいかもしれない。

その晩、部屋の外にテーブルを出してみんなで晩ご飯を食べていると、先生の数十メートル後ろで何かが光っている。なんだろうと、新調したヘッドライトでその方角を照らすと、なんと昼間は川にいたカバが陸に上がってきてのそのそ歩いている。カバの方はライトに照らされて、「あ、見つかっちゃった」とでもいうかのように少し歩みを止める。私たちは仰天してしまったが、ジュマさんは「大丈夫、大丈夫」と人の良さそうな笑顔で言うばかりだった。確かにジュマさんの言う通

乾季の終わり、水場に入りきれないカバたちと、水を汲みに村から橋を渡って公園内にやってくる村人たち。この川がカトゥマ川で、この地点の公園と村の境界になっている。カバの数、そして野生動物と人間の距離の近さに驚く。

り、その晩は何も大事は起こらなかったのだが、翌朝ロッジの周りをよく見るとカバが縄張りを示すためにまき散らしたフンの跡がそこかしこにある。何も知らず、頭上にきれいな星空が広がる時間までロッジの周りをうろうろしていた自分の行動を思い起こし、よく何も起きずに済んだことだ、と冷や汗をぬぐった。

さて、今日の大仕事は事務所に挨拶に行くことだ。カタヴィの事務所はルアハのように公園の内部奥深くにあるのではなく、公園と村の境界ギリギリに位置していて（図2）、その境界がカバの憩いの場でありキャンプの前を流れるカトゥマ川なのだ。カタヴィのポイントが上がった点は他にもあり、村から三八キロメートル北上したところに、一通りの食材や物資が揃うムパンダ（Mpanda）という町があったことだ。村や町に近いということは、食材を買うのにもそんなに苦労をしないだろう。さっそく事務所に向かうと、今回はちゃんと公園長に会うことができた。キリン研究のための調査地を探していること、車がないけれども調査を受け入れてくれるか、伊谷先生とともに園長に相談した。彼は「車がない場合の調査手段については後日考えるとして、カタヴィでキリンの調査をしてくれることは大歓迎だ」と、言ってくれた。タンザニアの、特に北部の国立公園では、観光客が数多く出入りするとともに海外の野生動物調査機関も数多く入っていて、ライオンやブチハイエナなどの長期研究がおこなわれてきた。キリンの調査もタンザニア北部では、先に紹介した仔育ての論文一本を含め一九七〇年代から断続的ではあるが実施されてきた。一方のカタヴィはどうかというと、カリフォルニア州立大学デーヴィス校のT・カロ氏（Tim Caro）とそのチームが一九九〇年代から動植物相調査や人類学的調査をおこなってきただけで、それ以外の海外からの研究者、研究テーマは皆無だった。そういった背景もあって、園長は私のカタヴィでのキリン調査を歓迎してくれたように思う。

園長との面会を終え事務所を出る頃、私はすでに「キリン調査はカタヴィでやろう」と決めていた。そう決心したものの、肝心の調査許可がまだ下りず、それを受け取るためには一度ダルエスに戻る必要があった。タンザニアではどんな調査（たとえば人類学や医学）をおこなう場合でも、政府機関から発行された調査許可証が必要となる。さらにいったんは観光ビザで入国しているため、在留許可証も取得しなければ入国目的が異なるとのことで入国管理局からお咎めを食らうことになる。日本の刑務所さえ経験していないのに、いきなりタンザニアの刑務所はちょっとハードルが高すぎる。なので、調査を始める前には必ず調査許可証と在留許可証をダルエスで取得しておかないといけないのだ。ちなみに、この事務手続きは本当に面倒でストレスがかかり、毎回「タンザニアでの調査はもうこりごりだ」とまで思わせてくれる。最近はマシになってきたが、当時はいかに愛想よく担当官と交渉して、許可証取得までの日を短縮できるかが勝負だった。話がそれたが、日本だとどこにいてもネットが通じて書類をスキャンしてメール添付で送ることができるが、当時シタリケ村は水道も電気もない時代でネットなんてとんでもない、といった状態だった。そういうわけで私はジユマさんに、「またすぐ戻ってくるからそのときはよろしくね」と言い残していったんカタヴィを後にした。ダルエスに戻ってほっと一息ついたのも束の間、めったに病気にかからない私が熱を出した。一晩寝込んで回復したが、その晩伊谷先生の帰国前夜の焼肉パーティーに行けなかったことが悔やまれた。焼肉なんて今後五ヶ月間食べられないのに。

いざ、カタヴィ国立公園へ

何とか調査許可証と在留許可証を受け取り、ダルエスでしか手に入らない食べ物を大きなザックに詰め込んで、再びカタヴィへと出発する日を迎えた。早朝六時ダルエス発ムベヤ（Mbeya）行きのバスに乗り込むために、まだ夜が明けていない早朝四時半に家を出た。ちょうどマハレでチンパンジー研究をおこなう、同じく初めてタンザニア入りした同期生二人も同じ場所に宿泊していて、朝早くにもかかわらず玄関先で見送ってくれたのだが、私はこれから一人になる不安でとてつもなく心細かった。これからは先生も先輩も同期生もいない。「とうとう自分ですべて何とかしなければいけない時が来た」と緊張でいっぱいだった。そんな気持ちを抱えながら始まったバス旅だが、噂に聞いていたアフリカンタイム、バスはさっそく一時間遅れの七時に出発した。それでもバスが西へ西へと走る間、車窓に広がる雄大な景色を眺めていると不安な気持ちも少し晴れてきた。バスの運転手は一八時にはムベヤに着くと言っていたし、今日の目的地であるムベヤにいるタンザニア人学生、アリさんの携帯電話番号もあるし今日は何とか乗り切れるだろう。実はダルエスでは、京都大学が所有していた、タンザニアに出入りする研究者が利用できるフィールドステーションに宿泊していた。そこで知り合った別研究室の先輩がたまたまムベヤで調査をしていて、スワヒリ語をろくに喋れない私が一人でバスに乗ってはるばるカタヴィまで行くことを心配して、先輩が信頼しているムベヤにいる友達のアリさんを紹介してくれたのだ。フィールドステーションは二〇一九年になくなってしまったのだが、あのときあの出会いがなければ私はきっとムベヤで途方に暮れていたと思う。所属や研究分野にかかわらずみなが集うことのできるフィールドステーションはとても貴重だった。日本では気軽に話しかけることのできない先生たちでも、日本の雑務（?）から逃れてやっとフィールドに来たという解放感があったのか、フィールドステーションではとても話しやすく、フィールドでのたくさんの武勇伝を聞くことができた。

そんな経緯で得たアリさんの連絡先を握りしめてバスに揺られていると、一八時が近づいてきているというのに、ムベヤに着く気配がまったくないことに気がついた。せめて日が暮れる前に目的地に着きたかったのだが、鮮やかなオレンジ色がまぶしい夕日は、進行方向の山の向こうにあっという間に沈んでいく。こういう不安なときほど、太陽の沈むスピードはより速く感じられる。タンザニアのポップミュージックを爆音で流しながら疾走するバスの中で、私の不安は迫りくる暗闇のように大きくなっていった。果たしてこんなに夜遅くまでアリさんは私を待っていてくれるのだろうか。結局ムベヤに到着したのは町がすっかり闇に包まれた二〇時だった。しかし、さらに落とし穴があった。なんとこのバスは本来の終着地点であるムベヤのバスターミナルまで行ってくれず、燃料を節約したかったのか町中のガソリンスタンドで「終着だ!」と言い張ってそこで乗客を全員降ろしてしまった。もちろんアリさんは、バスターミナルで私を待ってくれている。途方に暮れた私はバスで隣に座っていた女子学生の助けを借りて何とかタクシーを捕まえ、バスターミナルに向かった。その後、私がフィールドノートに「Falcon(バス会社名)はダメ!」と書き殴ったのは言うまでもない。

タクシーに乗り込み、ほっと一息ついたものの、私はアリさんの携帯電話番号は知っているが彼の顔は知らない。「果たして無事に会えるのだろうか」と心細く思いながら着いたバスターミナルでタクシーから下車すると、すぐに「ミホ!」と声がする。アリさんは寒い中、ターミナルの入り口すぐのところでちゃんと私のことを待っていてくれたのだ。彼にしてみれば、周りがみんなタンザニア人の中、たった一人しかいないアジア人はいとも簡単に見つけ出すことができたのだ。言葉もわからず土地勘もない場所で、アリさんのような頼れる人が一人いるだけで背負っていた不安や気負いが全部吹っ飛んだ。そしてその夜は、「ゲストハウス」とは名ばかりの、高原に吹く冷たい風が入ってくる小さな暗い宿泊施設で、寒さにガタガタ震えながら水浴びをし、まだまだ続く旅へのプレッシャーを抱えながら眠りについた。迎えた翌朝、アリさんは早朝にもかかわらず重いザックを一緒にバス停まで運んでくれ、カタヴィに向けて出発する私を見送ってくれた。ただ友達の知り合いだからというだけで、ここまで私を助けてくれたアリさんには本当に感謝している。

さて、ムベヤからカタヴィまでは約五三〇キロメートルの道のりで、その間にスンバワンガ(Sumbawanga)という町がある。二〇一六年からムベヤとカタヴィ間の道路の舗装工事が始まり、今ではムベヤからカタヴィまで一日で走行することが可能になったが、当時はスンバワンガで一泊するのが普通だった。土埃舞うデコボコ道を行くバス旅と役所の挨拶回りであまりにも疲れたため、スンバワンガで二泊して英気を養ってから、いざカタヴィに向けてまたバスに乗りこんだ。そしてバスが北上するにつれて、人家や畑がさらにまばらになり道路の両側にミオンボ林と呼ばれる林が広がってきた。

2 なかなか始まらないフィールドワーク

ミオンボ林

キリンの生息環境のイメージとして、木がまばらに分布した広い草原、アフリカン・サヴァンナを思い浮かべる人は多いだろう。遠くまで数キロメートルも見渡すことのできる草原をキリンが悠々と横切っていき、キリンの脇にはトゲのある木がポツンと立っている、そんな光景だ。確かに、すでに何度も名前が出てきたセレンゲティなどタンザニアの北部にはそういった環境が多く、実際にキリンが生息している（ウェブ付録写真1）。しかし、キリンはサハラ砂漠以南のさまざまな環境に適応して生息している。たとえば、ナミブ砂漠周辺の非常に乾燥した地域や、ミオンボ林と呼ばれる乾燥疎開林にも分布している。ミオンボ林はアフリカ大陸の一大植生で、タンザニア西部からザンビア、アンゴラ東部にかけて大きく広がっている[1]。マメ科の植物が優占していて、乾季の終わりには落葉する樹木もある。私の調査地であるカタヴィは、そのミオンボ林が優占する環境なのだ。初めてミオンボ林を訪れたときは、ふかふかの落ち葉が敷き詰められている日本の晩秋の森に来た感覚を覚えた。

私の調査地となったカタヴィの環境について、もう少し説明しておこう。カタヴィ国立公園は四

樹木が分布していない箇所もところどころあり、日の光が林床までよく届く明るい林だ。

四七一平方キロメートルの面積を誇り（京都府の面積、四六一二平方キロメートルと同じくらい）、標高は八二〇メートルから一五六〇メートルまでと幅がある。私の調査エリアはちょうど一〇〇〇メートル付近に位置している。日本のような四季はなく、乾季（五月から一〇月）と雨季（一一月から四月）に大別される。私は乾季に調査をおこなうことが多い。というのも雨季には私の背丈を優に超える、エレファントグラスとも呼ばれる四メートルから七メートルにもなるイネ科草本などがそこら中に生い茂っていて、とてもじゃないが周りを見通せない。そして車で入ろうにも道がぬかるんでいて、四輪駆動のランクルでもがっちり泥にはまってなかなか抜け出せない。雨季真っただ中の二月のある日、お昼時に公園内をランクルで走っていたとき（そのときはたった数日の滞在だったので、車があった）、見事に泥にタイヤを取られ、ドライバーとレンジャーと翌日の午前二時まで、月の光とカエルの鳴き声に包まれながら必死で泥かきに興じた思い出がある。

さて、カタヴィに向かって爆走しているバスの車内から、そのミオンボ林の中でキリンが五、六頭、採食している姿がちらっと見えた。実は先生たちとカタヴィに来たときは滞在時間が数時間だったこともあり、キリンを一頭も見ていなかったのだ。先生の「昔カタヴィを訪れたときにキリンがたくさんいた」という言葉だけを信じてここまで来たが、カタヴィにちゃんとキリンはいると確認し、ほっと胸をなでおろした。

手続きに四苦八苦

バスが国立公園と村との境界であるカトゥマ川にかかる橋を渡ると、以前先生たちと宿泊したジュマさんのキャンプが右手に見えた。バスはそのまま数百メートル進んで村の中心に入り、乗務員が「シタリケ！」と叫んでバスが止まった。この小さな村で下車したのは私だけで、他の乗客はムパンダまで旅を続けるようだった。乗務員はどうやって私の下車地と荷物を覚えていたのか、バスを降りるとすでに私の大きなザックがバスのトランクから出され、路上に放置されていた。そしてキャンプから数百メートルの距離にもかかわらず、ジュマさんが車で迎えに来てくれていた。ジュマさんに再会したときも、アリさんに会ったときのように一人で旅をする気負いがなくなり、全身の緊張が解けていくのを感じた。これ以後も、タンザニア国内の一人バス旅は数多くしてきたが、何回旅を重ねても目的地までちゃんとたどり着けるのかドキドキする。たいていはバスのターミナルまでその土地その土地の知り合いに迎えに来てもらっているのだが、彼らに無事に会えたときの安堵感は忘れられない。日本で生活していて、あれほどほっとする機会はそうそうないと思う。

ここが私の調査地だという実感はまだなく、調査を開始する前にやるべきことが山積みだ。住む場所、食料の調達方法、調査方法、なんにも決まっていない。自分で動かなければ何も始まらないのだ。翌朝、張り切って事務所に行くと、園長は不在で副園長が対応してくれた。彼にダルエスで発行してもらった調査許可証を渡して「キリンの調査に来ました」と伝えると、「この許可証だけでは国立公園内は調査できないよ」と返してくる。「え、今なんて?」寝耳に水とはこういったときを言うのか。先生や先輩は森林保護区で調査をおこなっていたため、国立公園では公園用の許可証がいるとは知らなかったのだ。

やっとカタヴィにたどり着いたというのにまだ調査ができない。次の許可証が受け取れるまで一体何日かかるというのか。そもそも許可証をもらうのに、また遠い遠いダルエスまで戻る必要があると言われるんじゃないか。副園長が発する次の言葉を戦々恐々としながら待っていると、私が泣きそうな顔をしていたのを副園長が察してか、「本来ならタンザニア国立公園（Tanzania National Parks）の本部があるアルーシャ（タンザニア北部に位置する人口第三位の都市）で許可証をもらわないといけないが、今回はもうここまで来ちゃったし、こっちでどうにかするから数日待って」と言ってくれた。本当に助かった……。また三日もかけて、あの悪路を行くバス旅をする気力はなかった。

許可証取得の方はありがたく副園長の言葉に甘えるとして、その間に住環境を整えなければいけない。ジュマさんのロッジは一泊二〇米ドルかかるので、何泊もする金銭的余裕はない。「何とかして宿代を浮かさねば」と思い立った私は、ジュマさんからテントを借りてそれで寝泊まりをすることにした。部屋を借りるより、かなり節約できる。しかし、最低でも一週間は続けようと始めたテント生活は、たった二日で終わりを告げることになる。なぜかというと、例のカバが夜になると川から陸に上がってきて、テントの周りをうろうろ動き回って移動、採食をしているのだ。薄いテント生地の向こうであの巨体が近寄ってくる音、むしゃむしゃ草を食べている音を聞いていると生きた心地がしなかった。ジュマさんは「大丈夫。テントの中にいたらカバは襲ってこないよ」と言うが、そんなことを言われても怖いものは怖いのだ。おかげですっかり寝不足になってしまった。それともう一つ、テントを離れているときに盗難に遭わないかを常に心配していた。テントの中には日本からはるばる担いできた大金、調査用具、そして大切な日本食とお菓子がある。日本の百均で買ってきた小さな南京錠でテントの入り口を一応ロックしていたが、盗ろうと思えば何も子供だましのような南京錠を壊さなくてもテントの生地を切り裂くだけでいいのだ。幸い何事も起こらなかったが、事務所や村に行くときはいつも、私の（本当はジュマさんの）無防備で小さな黄色いテントの様子を頭の片隅で心配しなければならなかった。

キャンプ生活を開始して三日目、この生活と調査を平行することはできないと考え始めた。公園関係者に相談すると、公園内に観光客用の宿泊施設があって（もちろんテントではない）、そこはジュマさんのキャンプでは手に入らない地下から汲む水が出るし、夜の数時間は自家発電機を動かすので電気があるという。そして出張から戻ってきた園長も、何にもわかっていない日本人学生が一人テント生活をしていることを聞きつけて、「宿泊施設代を割引するから公園内に住みなさい」と半ば強制のように取り計らってくれた。割引といっても、むしろジュマさんのロッジよりも高くなったが、このときの私は水、電気、そして何より安全な寝場所を心から求めていた。そうして住環境を整えている間に、副園長はタンザニア国立公園本部の担当者のサインが入った私の許可証を手に入れてくれていた。これでやっと調査ができる！　タンザニア入りしてから、実に三三日間も経過していた。国の科学研究費を使わせてもらって来ているのに、時間とお金を無駄遣いしている気がしてこれまでは後ろめたかったが、そんな気持ちも吹っ飛んでいった。

車、ないんです

調査許可証を手に入れたものの、解決すべき大きな問題がまだある。私には車がないのだ。余談になるが、私は「タンザニアでマニュアル車を運転するんだ」と張り切って、学部を卒業する目前の四年生の春休みにマニュアル車の運転講習に通い、初めての運転免許証を取得した。しかしこれまでお話ししてきたように住居費で、さらには後にお話しするレンジャー雇用費ですでに懐は結構なダメージを受けていた。そのうえガソリン代まで、とてもじゃないが捻出できない。そして先生は「たった数ヶ月前に免許を取った新人ドライバーに、大切なランクルを壊されたらたまらん」とでも思ったのか、車での調査案が先生の口から出ることは一度もなかった。

野生キリンの調査は、一九五六年にA・I・ダッグ氏（Anne Innis Dagg）によって初めておこなわれた。当時でさえダッグ氏は車を用いた調査をおこなっており、彼女に続く野外でのキリン研究者たちは、私の知る限りみんな車を使っている。キリンの行動圏は広く、特にナミブ砂漠などの乾燥地帯に生息するオスでは最大約二〇〇〇平方キロメートル、メスでは最大約一〇〇〇平方キロメートルにもなり[2]、一日キリンに付いて回ろうと思ったら車なしでは到底無理だろう。しかし、ないものねだりをしてもしょうがない。私は、カタヴィを初めて訪れたときにもらっていた公園のパンフレットに、ウォーキング・サファリという項目があるのを見つけていた。カタヴィでは、観光客向けに徒歩での動物観察アクティビティがあるようだ。車がないとなると、自分の足で動き回るしかない。今振り返ると、私の調査エリアはそもそも整備された道路が少なく、道路があってもそのすぐ両脇にはミオンボ林が迫っていて見通しが悪い。キリンが林の中に入ってしまったらお手上げだ。さらに、ランクルなどの大型車では林の中を走ろうにも木々が乱立しているため、自由に走行できない。一方徒歩なら、キリンがどんなに道路から離れてしまっても追いかけていくことができる。もちろん走って逃げられたらどうしようもないが。つまり、ミオンボ林が優占する環境では、徒歩の方が移動範囲は小さくなるが車では到達できない林の隅々まで入り込める、という利点がある。視界が開けたサヴァンナのような環境では車を用いた調査が有効だろうが、ミオンボ林ではそうはいかないのだ。私の唯一の選択肢であった徒歩調査は、調査環境がミオンボ林だったからこそ何とか活きたのだと思う。しかし、まだミオンボ林に入ったことのない私は車がないのに本当に大丈夫だろうか、と車への想いを断ち切れないでいた。

調査は体力勝負

カタヴィには、大型肉食動物のライオン、ヒョウ、ブチハイエナが生息している。他にも人間が体当たりされたらひとたまりもない、アフリカゾウやバッファロー（アフリカスイギュウ）といった大型草食動物も生息している。そのため観光客が徒歩で動物観察をする場合、公園で働いている銃を携帯したレンジャーと行動をともにしなければならない。マハレや伊谷先生の調査地であるウガラ(Ugalla)地域では、そういった危険な動物の種数や生息数が少ないため銃を携帯する必要がなく、調査地近くの村に住む村人を案内人として研究者が直接雇用しているが、ここではそうはいかないのである。徒歩での調査をしたいと園長と交渉した結果、一人レンジャーを付けてくれることになり、ついに林を歩けることになった。そのレンジャーはカハビといってひょろっと背が高く、おしゃべりが大好きなタンザニア人にしては珍しく無口そうに見える第一印象だった。

翌朝、土地勘がない私は、「キリンが見たいから、とりあえず彼らがいそうな場所に連れて行って」とカハビに伝えた。そして事務所から東に、約一五キロメートル行ったところにあるカタヴィ湖に繋がる道をひたすら歩いて行くことにした。ザックの中身は双眼鏡、ノート、ペン、デジカメ、

調査時の服装と装備の様子

手に持っているのは強い日射しを避けるためのハット、データを記載するプリントを挟んでいるバインダー。ズボンの横ポケットには野帳とボールペンを入れ、ザックのポケットから飛び出ているチャック付きのポリ袋の中にはGPS機器が入っている。土埃がすごいので、精密機器はできるだけポリ袋の中に入れて持ち運んでいる。そしていつも地面に直接座るので、虫に侵入されないようにシャツの裾はズボンに入れている。写真の奥で、成獣メスがこちらを観察している。

GPS機器、レーザー距離計、水、日本から持ってきた貴重な飴（貴重といっても、スーパーで売っている飴で超高級飴というわけではない）で、これらは今でも装備の中心だ。一方、カハビの持ち物は銃だけだ。レンジャーの多くは水を持たずに銃だけを持って、私の調査に同行してくれる。私は数時間で二リットルの水を飲み干してしまう日もあるというのに、彼らは多少の差はあれど水一滴も飲まずにいることが多い。彼らは本当にタフだと実感する瞬間だ。

事務所を出てすぐ、土が赤土から砂浜の砂のようなさらさらとした白っぽい砂に変わってきたことに気がついた。そしてこの砂の上では、まさに砂浜を走るときのように足が地面にめり込み、一歩一歩前に踏み出そうとするたびに固く締まった赤土に比べてもっとエネルギーが必要だ。丈の短い私の靴には足が地面にめり込むたびにどんどん砂が入ってきて、すごく歩きにくい。砂に悪戦苦闘している私の横を、カハビは涼しい顔でどんどん歩いていく。彼らレンジャーの靴は、蛇除けのためにふくらはぎ近くまで覆われた牛革の真っ黒の重いブーツで靴底は硬く、私の履いているスポーツシューズに比べてあまり歩きやすそうには見えない。さらに彼らは、数キログラムにもなる銃を常に身につけている。しかし、それをカバーする体力とブッシュで生活する知識を彼らは持っているのだ。装備の面ですでに楽をしている私は、カハビに負けてられるかと歩みを速めた。

事務所を出発したときは、左手にミオンボ林、右手にセスナ用の滑走路があったが、一五分も歩くと滑走路の端までたどり着き徐々に灌木が増えてきた。そのまま歩みを進めると、右手の台地が二〇メートルほど下にぐっと落ち込み、その崖の下を川が湾曲しながら流れていた。心地良い風を受けながら、崖の上からは数十キロメートル先まで見通すことができる。ミオンボ林は樹間距離が三〜五メートルほどで見通しがあまり効かない一方で、眼下に広がるアフリカン・サヴァンナは、ミオンボ林に比べて樹間距離がかなり長い。カハビによると、フェンスなどはないが川の向こう岸からは公園外になり、家の屋根葺き用の草の刈り取りや家畜の放牧をしに村人がやってくるそうだ。ふと空を見上げると日はすでに高く、ジリジリと肌を焼かれるような感覚から気温が上がってきたのがわかる。事務所からひたすら道路沿いに二時間歩いてきたが、見たくてたまらないキリンの保育園はおろか成獣キリンの姿もない。カタヴィに来るときのバスの中から見えたあのキリンたちは、一体どこに行ってしまったのだろうか。カハビは無言でどんどん歩いていく。しかし、どれほど歩みを進めても目的のキリンを発見することはできず、結局初日は収穫なしで引き返すこととなった。帰る頃には調査というよりはただの行進になっていて、足には立派なマメができていた。

逃げるキリン

それからというものの、いくら必死にキリンを探しまわっても一日に良くて三時間、多くの日はたった一時間しか観察できなかった。彼らを見つけてもこちらをじっとみつめて警戒し、しばらくすると走って逃げだしてしまうか、ブッシュの中で見失ってしまうことが多かった。彼らは憶病な性格で、人間を攻撃するどころか怖がって逃げることが多い。さらに、彼らは最高時速六〇キロメートルにもなるスピードで走ることができる。人間の足で追いかけるのは到底無理だし、すでに怖がっているキリンをこれ以上怖がらせることはしたくない。やっと見つけたキリンが尻尾をくるんと巻いてあっという間に逃げていく後ろ姿を見るたびに、草食動物の匂いのする香水を誰か作ってくれないかなぁと思っていた。キリンから見れば私は四足歩行をしていない時点ですでに怪しいのかもしれないが、せめてキリンかあるいはインパラとかイボイノシシの匂いを纏うことができれば、彼らの警戒心をちょっとは解くことができるだろうに。

研究対象に逃げられてしまう。これは保育園を観察する以前の問題だ。どうしようかと悩んだ私だが、ひとまず目についたデータは何でも取ることにした。キリンの姿は確認できなくても、足跡やフンといったキリンがいた痕跡はいろんなところに残っている。私はそれらを見つけたら、位置と大きさを記録するようになった。それまでキリンの足跡（口絵5ページ）をじっくり観察したことはなかったが、カハビに教えてもらいながら、どれがキリンの足跡か、キリンの足跡であればそこから推測できる大体の身体の大きさ、そして彼らが移動していった方向がわかるようになってきた。そして、キリン以外の動物も見つけたらそのたびに種類、頭数などを記録していった。キリンの直接観察をあきらめたわけではなかったが、現状をどう打破していけばいいのか糸口がなかなか見つからない中での苦肉の策だった。後に詳しく紹介するが、実は私と一緒に歩くレンジャーはカハビで固定されているわけではなく、一週間ほどでどんどん別のレンジャーに変わっていった。カハビと初めて歩いた日から九日目、その日はキティカという少し年配のレンジャーが私の担当をしてくれることになった。しかし、やはりキリンがなかなか見つからない。だんだんと「今日もだめかぁ」

というもやもやした気持ちになってきたとき、キティカが「ミホ、なんでこの場所にこだわっているんだ？　イクー（Ikuu）に行けば、キリンがここよりもたくさんいるのに。イクーも見てみたらいいんじゃないか」と提案してくれた。カタヴィに来て以降、私は徒歩調査の限界もあり事務所の周り以外の地域にまったく足を伸ばしていなかった。せっかくそんな提案をしてくれたのだからと、キティカと二泊三日でイクーの視察をすることになった。

3　希望が打ち砕かれたイクー

カバの楽園

イクーは事務所から約四五キロメートル南下したところにある、初めてカタヴィを訪れたときに伊谷先生たちと橋の上からカバを眺めたエリアのことを指す。カタヴィの中心に位置していて、事務所周辺よりも動物の種数が多く、生息数も多い。イクーを流れる川の両岸には観光用の道が整備されていて、川沿いを走りながら水を飲みに集まってきた動物を観察することができる。ほかにもヒッポプールという、その名の通りカバが集まっている池があり、そこでは車を降りてカバの大きな群れを目の前で観察することができる（ウェブ付録写真2）。そこは一年中水が枯れることなくわき出ているため、乾季の終わりには水を求めてたくさんのカバが集まってくる。人間にとってもこの水は貴重で、カバが憩う池のすぐ脇にポンプ台が設置されている。あまりにもカバとの距離が近いので、初めて訪れたときはおそるおそるポンプ台兼見晴らし台に立ったが、確かにカバはこちらを警戒しつつも襲ってくる気配はない。ここのカバたちは、人間の存在にある程度慣れているのに加え、彼らにとって一番安全で安心できる場所は水の中だ。だから、自分が水中にいて相手が水の外にいる場合はわざわざ水から出てまで襲ってはこない。ただし、陸上にいるカバと水場の間に人間が立ってしまうと危険だ。安心できる水場への道がふさがれたと思い、彼らがパニックになって襲ってくることもある。あの大きな牙を持つカバが顎を大きく開けて襲ってきたら、人間などひとたまりもない。それに、彼らは走ると意外と速くて、最高時速は二五キロメートルにもなるのだ。村ではときどき、魚釣りをしていた子供がカバに殺されるという痛ましい事件も起こる。さて、見晴らし台からカバたちの様子を見ていると、ある者は日光を浴びすぎて背中が乾燥してきたのか、泥の中でぐるんと身体を回転させたり、ある二頭はお気に入りの泥場が被っているのか口を大きく開けて場所争いをしていたり、常にどこからかフガフガとカバの声が響いてくる。

イクーでの調査

カタヴィはミオンボ林が優占しているが、それとは異なる植生のアフリカン・サヴァンナも見られる。他にも、雨季には大量に降る雨で湖になるのに、乾季には一転カラカラに干上がって草原になる季節的な湖もある。乾季のイクーでは、そんな湖が干上がってできた草原や、川沿いにはアフリカン・サヴァンナを見ることができる。なんとなくキリンはサヴァンナとセットのイメージがあるし、キティカに言われた通りイクーならキリン観察が軌道に乗るかも、と期待に胸を膨らませつつ、イクーエリアの調査を開始した。しかし、この湖が干上がった草原というのはとても歩きにくい。雨季の間に歩き回ったゾウの大きな足跡が泥の中に形どられ、泥がそのまま干からびて固まっているので、小さな落とし穴がたくさんあいているような感じだ。草原が歩きにくい理由は他にもあった。草原の横を走る道路沿いから遠目に眺めた草の高さは私の膝くらいに見えたが、実際に中に入ってみると私の背丈を優に超える二メートルほどのイネ科の草本が一面に広がっていて、その中を歩くのは恐怖でしかなかった。イクーは事務所周辺に比べ、ライオンの目撃情報が多い。草陰にそのライオンやあるいはゾウがいないか、常に神経を尖らせながら歩かねばならなかった。一方キティカはそんな私にはお構いなしに、「ハクナ・マタタ！（問題ないさ！）」と先陣を切って歩いていく。やっとの思いで草原を抜けてキリンの好物の樹木が点在する川沿いを歩き続け、遠目にやっとキリンを発見した。しかし私たちとキリンたちの間にまだ数百メートルの距離があるにもかかわらず、彼らはこちらを窺うように頭と耳を向け、じっと静止している。その姿勢は彼らがこちらを警戒していることを表していて、何だか嫌な予感がする。その予感は的中し、結局その日見つけた五頭のキリンたちは、その後私たちが少し距離を詰めるとすぐに走り去ってしまった。

その夜、私はまたしてもキリンが思うように見られない、落胆した気持ちを抱えながら眠りについた。夜中、テントの周りをガサゴソする音に気がついてふと目が覚めた。川に近いところにキャンプを張っているので、この前のテント生活のようにカバがやってきたのかと初めは疑った。でもカバだったら草を食む音がしたり、他の草を求めてどこかに移動するはずなのに、得体のしれない生き物は私たちの焚火跡の周りをうろうろしている。私は恐怖で、寝袋の中で身動き一つ取れなかった。隣のテントからは、キティカのいびきが聞こえてくる。彼には私たちのテントの周りをうろついているこの動物の気配は届いていないようだ。何も気づかずにぐっすり眠っているキティカが目を覚ましてくれることを期待しながら、私はひたすら息を殺してその動物が去るのを待った。

少しは寝たのだろうか、いつの間にか徘徊していた動物の気配は消えていて、薄暗い闇の中に野鳥のきれいなさえずりが響いてきた。やっと、やっと朝が来たのだ。テントからはい出てキティカに「夜中、動物がテントの周りをうろついていた」と寝不足のぼーっとした頭で訴えた。彼は、焚火跡やテントの周りに残された、人間の大人の握りこぶし大ほどのたくさんの足跡を眺めて、「これはハイエナだよ。きっと、私たちの夕食の匂いに引き寄せられてやってきたんだ」と教えてくれた。ハイエナはよくよく見たら結構可愛い顔をしていると私は思うのだが、それでも鉢合わせはごめんだ。そして迎えた次の晩は、空気がビリビリと震えるような咆哮が聞こえてきた。隣のテントにいるキティカが「ライオンだ」、とつぶやくのが聞こえる。幸いにも私たちのキャンプの前を流れる川の向こう岸にいるようだが、もし彼が川を渡ってこちらにやってきて、テントの中に横たわっている逃げ足があまりにも遅い脂肪たっぷりの生き物を見つけてしまったら。イクー生活では想像力ばかりが鍛えられた。

ナマズ

カバの生息数調査をしたことはないが、私が実際に訪れた他のタンザニアの国立公園に比べて、カタヴィのカバの数は一番多いと思う。乾季の終わりになると、淀んだ川に点在する水たまりがカバたちでいっぱいになる。カバは日中のほとんどを水の中で過ごし（ただし日光がさんさんと降り注ぐ中、川岸でごろりと横たわっているカバもときどき見かける）、水の中で排せつする。彼らは草食動物だから、フンはほぼ草からできているのだが、水の流れがない真っ茶色の水たまりから立ち上ってくる匂いは結構キツイ。ジュマさんのロッジで生活していた頃は乾季の終わりになると、鉄格子と網戸はあるのになぜか扉がない窓を通ってその匂いがふんわり部屋の中に入ってくることがよくあった。晩ご飯を食べている最中にその匂いに侵入されると、つい食べる手を止めてしまう。あるときは水たまりで子供たちが水遊びをしているのを目撃した。そのときは匂いはまだマシだったものの、カバのフンが確実に混ざっている天然プールで遊ぶタンザニアの子供たちは本当に強い。ちなみにそんなときカバは、人間に荒らされない別の水たまりを探しに行く。ときにカバに襲われることはあっても、基本的に人間はどの動物からも恐れられているのだ。

そんな水たまりに近づいて見ると、ポコポコと音がして水面から水しぶきが飛んでいる。残り少

乾季の終わり、カバで埋め尽くされた川

川には水の流れがなく、水草が大量に繁茂している(蛇行した川の写真奥)。写真のさらに奥、台地の上にはシタリケ村の人家が見える。

ない水を求めてナマズ（スワヒリ語ではカンバーレ）がたくさん集まっているのだ。そのナマズを求めて、サギやワニもやってくる。そしてもちろん人間もやってくる。乾季はナマズが捕えやすく、肉がなかなか手に入らない村人たちの貴重なタンパク源となっている。タンザニアに行くまでナマズを食べたことがない私だったが、イクーでキティカとキャンプをしていたとき、彼に「今日の夕飯はこれだ。うまそうだろ〜」とまだピチピチしていた大きなナマズを見せられてギョッとした。例の水たまりで育ったナマズだ。でも、せっかくキティカが作ってくれたナマズのトマト煮込みを断るわけにはいかないし、今晩のメニューはこれのみだ。歩き回ってお腹も減っている。さすがに平べったい口と顔の部分は避け、白身を恐る恐る手でつかんで食べてみると身が柔らかくてクセがなく、美味しい。それ以来ナマズのトマト煮込みは、私のタンザニア美味しい食べ物リストの上位にランクインされている。

キリンを探しながらレンジャーと林を歩いているとき、食べ物の話をすることがある。タンザニア人の多くは信仰する宗教があり、キリスト教徒やイスラム教徒が多い。イスラム教徒が豚を食べないのは有名だし、ムスリムの人かどうかは大体名前で判断できる（イブラヒムとか、サルマとか）。なので彼らと食べ物の話になったときは、最近豚を食べたことは内緒にしておく。二〇一九年、ニュンジャというレンジャーと歩いているときにお互いの昨日の晩ご飯の話になった。「カンバーレを食べた」と私が言うと、「俺はカンバーレを食べない」と返してきた。これまで、ナマズを食べないタンザニア人に会ったことはない。不思議に思って理由を尋ねると、キリスト教の複数ある宗派のうちの一つに「サバト」がある。サバトの教えでは、鱗のない魚、つまりナマズは禁忌とされ、彼はそのサバトを信仰していた。世の中には本当にいろんな宗教があるものだと思わずにはいられなかった。ちなみになぜ鱗がないのがダメなのか、その理由は聞きそびれてしまった。

逃げるキリン、再び！

結局二泊三日のイクー滞在で観察できたキリンの頭数は二九頭だったが、観察時間はたったの二時間で惨敗だった。イクーは開けた植生が多いのでキリンを遠くからでも見つけやすいのだが、逆に遠すぎて性別や年齢の判別、個体識別ができなかった。さらに、私は一頭あるいは複数頭をできる限りずっと追いかけたいのだが、キリンを近くで見つけたと思ったら彼らはすぐ走り去ってしまうのだった。

イクーは事務所周辺に比べて、観光客用の宿泊施設や観光客の数が多い。主に欧米からやってくる彼らの多くは仕事をリタイアした年配の人たちで、はるばるカタヴィまでのんびりリラックスしに来ているのであって、わざわざ暑い中を歩こうと思う人はほとんどいない。だから車の往来はまだあるが、歩く人はほとんどいないのだ。すると車と、歩く人（つまり、今回の私）とでは、キリンも含めた野生動物の反応はまったく異なってくる。車で彼らに近づくと、車が動いている間はこちらにじっと頭と耳を向けている。しかしある程度の距離まで近づき停車してエンジンを切ると、彼らは「車は」それ以上何もしてこないとわかっているかのように、また採食に戻ったり休息を続けたりする。一方で、歩いている人間には慣れておらず、人間が近寄ってくるとこちらの様子を窺うこともせずダッと走り去ってしまう。つまりイクーは見通しが効くし、動物の近くに寄って観察することは車だと可能だ。しかし徒歩の選択肢しかない私にとって、ここは非常にやりにくいエリアだったのだ。

車への反応は十種十色

野生動物の車に対する反応を紹介したが、ライオンとゾウは例外だ。ライオンは車のエンジン音にはあまり動じず、むしろ停車している車の陰をうまく利用してそこで寝転ぶこともある。中には、車体はひんやりするのか足掛けに顎をのせる子もいる(ウェブ付録写真3)。一方のゾウはエンジン音が大嫌いで、遠くからその音が聞こえただけでも耳を広げ頭をブルブルと左右に振り、車との距離が近いときはチャージ(威嚇)してくる。本当かどうか確証はないが「象牙を狙った密猟者は車を使うから、ゾウは車にトラウマがあってエンジン音に敏感なんだ」とレンジャーは言っていた。ゾウがチャージをかけてくるときは本当に体当たりしてくるわけではなく、車の数メートル先で止まって引き返していくことが多い。でもあの巨体でトランペット音を出しながら突進してこられると、迫力に負けてすぐに逃げ出したくなる。そして、ゾウとの距離を間違えるとチャージだけでは済まない場合もある。あるとき、レンジャーたちが乗った公園の車がカーブを曲がったときに、運悪くちょうど道を渡ろうと林から出てきたゾウと鉢合わせをしてしまった。ゾウは突然視界に現れた車に驚いて猛チャージをかけ、ボンネットに牙をかける形で数メートルにわたって車を押し返してきたそうだ。幸い死者は出なかったが、ドライバーはケガを負い車は無残にも廃車になっていた。みなさんもサファリ中にカーブを曲がるときは要注意。減速しながら行く手にゾウがひっそりと隠れていないか、しっかり確認することをおススメする。

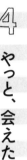

4 やっと、会えた

逃げないキリン、発見！

事務所に戻った私は落ち込んでいた。あんなにキティカがおススメしてくれたイクーも、確かに事務所周辺よりもキリンはたくさん見られたが、車がない私の調査には向いていない。（そもそもテント生活はもうこりごりだったので、徒歩でキリンが見られたとしてもイクーを選ぶかは悩ましい選択だった。）カタヴィを調査地として定めたものの、いまだ具体的な調査エリアが決まらない。

公園事務所には、園長やレンジャーだけではなく、いろいろな立場の人が働いている。入園料の管理をする事務方や獣医、車の修理工、清掃員たちなど、ちゃんと数えたことはないがレンジャー以外のスタッフは総勢五〇名ほどになるだろうか。園長や事務方、若いレンジャーたちは英語を喋れるが、他の人たちと英語で会話をすることは難しい。そこで私はカタヴィに入ってからは、タンザニア人たちが繰り広げるスワヒリ語の会話から何とか単語を耳で拾って、いつも持ち歩いていたスワヒリ語─英語辞書でその単語の意味を調べることを繰り返しながら、少しずつスワヒリ語で意思疎通ができるようになっていた。

スタッフの中に、早朝からいつも一人でガレージの掃除をしているムセレムという男性がいた。ある朝、彼といつものスワヒリ語の挨拶を交わして、「イクーではあんまりキリンが見られなかったんだ」と言ったときだった。彼が「まだキリン見てないの？ このガレージの裏なんかいつもキリンがたくさん来るよ。赤ちゃんだって見るよ」と言うのだ。ガレージの裏は細長い木の板で一応柵らしき物が設けられていて、そのすぐ後ろにはミオンボ林が迫っている。こんなに人がガヤガヤ大声で騒いで笑っているガレージの裏に、本当にキリンが来るのだろうか。半信半疑でその話を聞いていた私だが、宿泊施設のコックたちにも「ここらへんでキリン見る？」と聞くと「ときどきそこら辺の木の葉を食べに来るよ」と言う。これまでは「車の調査に負けないようにできるだけ広域調査をしないと！」と気負ってキリンを探すあまり、どんどん事務所から離れて遠くまで歩いて行っていた。でもキリンは、もしかするとすぐ近くにいたのかもしれない。しかも、人間の存在をそれほど気にしないキリンたちが。少し希望が見えてきた私は、事務所とそこから一キロメートルほど離れたところにある宿泊施設を中心に円を描くようにキリンを探してみようと決めた。

ムセレムが言っていたことは本当だった。彼からその話を聞いて数日も経たないうちに、事務所から数百メートル離れた林の中で、まだ成獣にはなりきっていない若いキリン、そしてそのお母さんだと思われる成獣メスを見つけた。彼らは近づいてくる私たちを見つけても、耳を傾けじっとみつめ返してはくるものの、イクーで見たキリンのように一目散に逃げたりはしなかった。さらに私が立ち止まってじっとしていると、仔の方は座って休息をはじめ、お母さんの方は仔から少し離れたところで反すうを始めた。この子たちは明らかに人間に慣れている。それもそのはず、公園内の私の住んでいる宿泊施設の周りには、園長を始めとする公園関係者が住んでいる家が数棟ある。事務所と宿泊施設の間は約一キロメートルの一本道で結ばれていて、公園関係者はその道を毎日朝と夕方、歩いて行き来する。逆に、宿泊施設で働いているコックや清掃員は、村から毎日その道を通って彼らの職場である公園内の宿泊施設に向かう。つまり事務所周辺は、公園内の他のどの地域に比べても徒歩で移動する人の数が多く、私がカタヴィに来るずっと前からここの人たちは一本道を行き来していた。だから、このエリアに生息する動物はイクーや他のエリアに生息する動物に比べて、歩いている人間に出会う回数が圧倒的に多い。さらにこの人たちはみんな、野生動物に危害を加えることはない。すると動物たちは「あの二足歩行の生き物は正体がよくわからないけど襲ってくることはないから、まぁあの距離にいるなら警戒しなくてもいいか」とでも思っているようだった。「灯台下暗し」と言われてきたように、私の条件にぴったり合う調査環境が、すぐそこにあったのだ。

入園前夜

野生動物の行動や生態の調査をする研究者は疑問や興味を持った点から仮説を立て、仮説検証に必要なデータを洗い出し、そのデータを網羅するためのデータシートを作成し、予備調査を踏まえたうえで本調査に挑むのだと思う。しかし、私は伊谷先生の「面白いものを見つけてこい」の一言とともにぶっつけ本番の状態でアフリカに送り出された。そのため保育園を見ることは決めていたものの、実際にどんなデータを取ったらいいかほとんど把握できていなかった。そして周りに相談できる人は誰もいない。「何とか解決策を見つけ出さなくては」と焦る私は、日本から持ってきた論文を土埃まみれのザックから引っ張り出して改めて目を通してみた。

アフリカン・サヴァンナでは、キリンのお母さんが仔を保育園に残して数時間、あるいは数キロメートル移動するという記述を改めて読み返したとき、私はふと違和感を覚えた。この先行研究がおこなわれたアフリカン・サヴァンナは、おそらくイクーの植生に似ているのだろう。短い期間だったが、私が事務所周辺のミオンボ林でキリンの母仔を観察した印象からは、そんなに長時間お母さんが仔を残してどこかに行ってしまうという印象はなかった。他の動物では生息環境が変わることで、その行動や生態が変わることが知られているため、もしかすると先行研究で観察された仔育てと、今私がミオンボ林で見ている仔育ては何かが違うかもしれない。環境に応じて仔育て方法を少し変えることは、十分に考えられる。そうして私は、ミオンボ林で暮らすキリンの母仔の個体間のフォルムになっていたのかもしれない。オス同士では、お互いの首と頭を打ち付け合うネッキング行動を介して順位が形成される。さらに野生では、頭上高くにある木の葉だけではなく、ちょうど首の付け根くらいにある高さの藪や、地面に生えている下草も食べる(口絵7ページ)。食べ物を得るために、さまざまな角度に首を動かすのだ。飲み水だって、地面まで首を下げなければ飲めない。一方の動物園では、オスを何頭も飼育することは難しいためネッキング相手がいない場合が多く、採食や飲水のために首を上下に動かす頻度も野生に比べると低いだろう。すると自然に、野生で生きるキリンの首の筋力はより発達するのかもしれない。私は、野生と動物園のキリンの首の太さを比較したことはないが、これまで野生のキリンを見てきた私の目が本当に正しかったか、いつか調べてみたい。

キリンはキリンだけれど、彼らの中にひっそりと違いが隠れていることがある。そしてその違いは、私たちがいろいろな環境を訪れて目にしない限り気づくことはないと思う。そういった違いはきっとどんな生き物の世界にも隠れていて、その存在を見つけた瞬間、彼らの本当の姿に一歩近づけた気がする。そしてそのような瞬間は、キリンと長く付き合えば付き合うほど、不思議と目の前に現れてくる。

Column 1

キリンはキリンだけど

日本の動物園のキリン、サヴァンナのキリン、ミオンボ林のキリン、亜種の違いはあるかもしれないけれどどれも同じ「キリン」だ。それでもその生息環境が異なることで、同じキリンに何かしらの違いが生まれる可能性がある。

あるときカタヴィに、日本のテレビ局の方々が取材に来た。そのうちのお一人は長年サヴァンナで仕事をされていて、ミオンボ林に生きるキリンを見るのは初めてだった。カタヴィのキリンを初めて見たときその方は、「キリンの模様はカモフラージュとして、ちゃんと機能していると初めて実感した」と言っていた。キリンの模様は分断色といって、カモフラージュの役割を果たしている(口絵3ページ)。成獣キリンよりも背の高い樹木が多いミオンボ林では、木の葉の陰と葉の間を抜けてくる明るい光が彼らの身体に降り注ぐことで、風景に身体がうまく溶け込むのだ。きっとそれは地平線まで草原が広がるサヴァンナを、悠々と歩くキリンを見ているだけでは気づかないだろう。

初めてのタンザニア調査を終えて日本の動物園でキリンを見たとき、「オスの首が細い!」と思った。これまで動物園のキリンを見たときも、野生のキリンを初めて見たときも、そうは思わなかった。でも5ヶ月間みっちり野生のキリンを見続けたことで、知らず知らずのうちに私のイメージするキリンの身体は野生キリン距離と、彼らが離れている時間の長さについて調べることを修士課程の研究テーマに据えた。

カタヴィなんて調査地としても、生活拠点としてもまだまだ楽な方だ、と一九五〇年代以降にアフリカのさまざまな国や地域で調査地を開拓していった研究者からは言われるかもしれない。それでも、未知の世界に飛び込んで四苦八苦しながらも、その山を越えたことは大きな自信になった。初めはアフリカに学生一人をポツンと置いて去ってしまう伊谷先生の指導方針に驚いたが、今ではこの経験を積めたことに感謝しているし、研究を通じて人間として成長できたような気がする。カタヴィ滞在初期に研究のやり方に行き詰まったとき、日本にいる先生に電話で連絡を取ったら、「カタヴィでやっていることはお前にしかできない貴重なことだから、開き直って焦らずゆっくり、一生懸命取り組め。一日一頭キリンを見ただけでも上出来で、他の研究と比較するな」と言われたことがあった。そこからやっと地に足がついて、落ち着いて物事を見ることができた気がする。

5 レンジャーとの付き合い方

レンジャーの業務

私が調査を始めた日のレンジャーは、カハビだった。私はてっきりカハビが五ヶ月に渡る調査期間中、ずっと一緒に歩いてくれると思っていたのだが、それは違っていた。カハビと歩き始めて五日目、「来週からはシフトが入れ替わるから」と突然言われた。カハビの性格もだんだんわかってきて「仲良くなれてきた気がするのになんで」と暗雲が一気に心を覆った。そもそも私は、彼らレンジャーの業務をまだまったく知らなかった。彼らは観光客相手にウォーキング・サファリや、車でのサファリのガイド役を務めたりもするが、カタヴィには毎日観光客が来るわけではないし、観光客によってはガイドを頼まない場合もある。だから、彼らの仕事の中でガイドの比重はとても低く、彼ら自身ガイドはメインの仕事ではないと考えている。彼らにとってのメインの仕事は密猟者取り締まりのためのパトロールと、公園内各所に点在しているレンジャーポストと呼ばれる詰所を守ることだ。パトロールは七人ほどがグループを組み、各グループに足となるランクルが割り当てられる（昔は車がないチームもあった）。そして公園内にそれぞれのグループが散らばって、一ヶ月間キャンプ生活をしながらパトロールをおこなうのだ。密猟者としてレンジャーに逮捕される人の多くは、ラットなどの小動物や魚（主にカンバーレ）を捕るため、あるいは家畜の放牧や伐採をするために公園内に入ってくるケースがほとんどだった。ただ私の滞在中にも、象牙目的でゾウが殺されたことがあった。さらにカタヴィの南部と境界を接する村に住む人々の間には、一人前の成人男性になった証としてライオン狩りをする風習が二〇一六年頃まで残っており、その目的で公園内に入る村人もいた。もちろん公園内での狩猟採集行為は違法であるため密猟者は逮捕されるが、密猟の対象が小動物や魚である場合、いったん刑務所に入ってもすぐに保釈されてしまうそうだ。ときには子供が果物を取りに、あるいは放牧のために公園内に入ることもあるが、そういったときはレンジャーも大目に見て、多少のお仕置きだけに留めている。

レンジャーはパトロール以外の仕事も担っている。たとえば諜報部隊もいて、近隣の村々から「銃や象牙を持っている人がいる」と密告があれば夜中に奇襲をかけることもある。毎年業務中に亡くなるレンジャーの数は全世界で一〇〇人を超え、彼らレンジャーはガイドの仕事とはまったく異なる、大きなストレスのかかる仕事もしているのだ。加えてカタヴィは灌木や藪が生い茂り、遠くまで十分に見通せない環境が多い。そういった場所で、ゾウやバッファローと鉢合わせしてしまったらどうなるだろうか。二〇一九年にはタンザニアの別の国立公園で、パトロール中にバッファローと鉢合わせして殺されてしまったレンジャーがいる。このように、密猟者に遭遇しなくともブッシュでの生活は常に危険と隣り合わせなのだ。また詰所を守るシフトについた場合は、自分の家族と離れ、場所によっては電波がない詰所に一ヶ月間レンジャー二人きりで過ごさなければならない。そこでは周囲の林から銃声がするなどの異変があれば、無線で本部やパトロール部隊に連絡をするのだ。カタヴィには現在六つの詰所があり、そのうち清浄な水が手に入る詰所は一ヶ所だけだ。それ以外の場所では塩分濃度の高い水しか得られないため、本部から定期的にタンクに積んだ水が届けられる。公園内で畑を耕すわけにもいかないので、水に加えて青菜も不足している。そんな厳しい環境でも彼らが仕事をこなすモチベーションには、公園から支払われる手当がある。この手当がのちに、私とレンジャーの間に軋轢を生み出すこととなった。

頭を悩ますチップ制度

パトロールや詰所勤務がレンジャーの本業務と言っていい中で、長期にわたる研究者のサポートは異例だった。これまでもレンジャーの協力の下、数週間の短期調査はおこなわれてきたようだが、私はいきなり五ヶ月間の滞在だ。さらに、今後何年にも及ぶ徒歩で調査をおこなうスタイルはこれまでありえなかった。そしてレンジャーにとって最もありえなかったことは、私が修士課程の二年間チップを一銭も払わなかったことだ。タンザニアでは基本的にチップ制度はないのだが、国外からの観光客が訪れる場所は別だ。タンザニアを訪れる国外からの観光客の多くは欧米の裕福な人々が多く、自国にチップ文化がある上に「アフリカに来た」という非日常感によってか、そこでお世話になったガイドやホテルのスタッフに、私がびっくりするほどの額のチップを渡すことがある。ツアー会社もそれを見込んで、タンザニア人ガイドやドライバーの給料を低めに設定する。つまり「チップで稼げよ」ということだ。ガイドたちの方も、たとえばアメリカ人の観光客を担当するときは「彼らは太っ腹だ」と多くのチップを見込んで喜ぶ。そんな裏事情があるのだ。

一方、国立公園に雇われているレンジャーは公務員なので給料は政府から出ていて、その額は村の一般家庭の平均収入よりは高く、それなりに良い暮らしをしている。たとえば、生まれ故郷の村と今住んでいる村に一軒ずつ家を建てたり、週末になるとバーに繰り出したり、なかなか派手な生

カタヴィ国立公園のレンジャーとともに

いつ訪れても温かく迎えてくれる彼らには、感謝しかない。私の徒歩調査に同行するとき、レンジャーは写真に写っている銃を必ず携帯する。

活だ。ただそんな生活ができるのも、パトロール業務に対して支払われる手当による部分が大きい。手当のランクは大まかにいうと夜の諜報活動が一番上、次に一ヶ月間のパトロール、最後に詰所勤務となる。そして普段は忘れられているが、一応レンジャーの仕事である観光客のガイドには手当が支払われない。政府も観光客がチップを払うことを見込んで、手当を出さないのだろうか。

当時私は、レンジャー代として公園に毎日一五米ドル支払っており、彼らの懐事情などまったく知らなかった。てっきり公園からレンジャーに対して、給料に上乗せして手当が出るものだと理解していた。しかしすでに説明したように、観光客（私も枠組み上は観光客だった）のガイドに対して手当は出ない。つまり、レンジャーは私の調査に同行すると手当がゼロになる。しかも仕事内容は、ずっと林の中を歩いてキリンを追い続けるという楽ではない仕事だ。その条件だったら「手当が出るパトロールの方がいい」とレンジャーたちが思い始めるのは当然だった。「ミホはチップを一切払わない」という話がだんだんとレンジャーの中に広まっていき、しまいには一緒に調査をしたことのないベテランレンジャーから「なんで調査に同行するレンジャーにチップをやらないんだ。チップをやればみんなの士気があがる」とまで言われる始末だった。そしてレンジャーによっては、私の調査担当になるとあからさまに嫌な顔をする人もいた。そうなると、遅刻をしたり、すすんで歩いてくれなかったり、昨夜の酒の匂いが漂ったままだったりと調査が思うようにいかず、私自身もストレスがどんどんたまっていった。

一方で、私が公園に押しかけていったことで彼らの業務量が増えたことには変わりはなく、肩身が狭くなる思いだった。そんな私の悪待遇が有名になっていく中でも、私の調査に理解を示してくれ、「調査同行も公園の大事な仕事の一つ」と言ってくれるレンジャーや、私にまつわる噂を冗談に変えて笑い飛ばしてくれるレンジャーもいた。修士の間は金銭的余裕がなく、結局一度もチップを渡すことなく調査を終えてしまった。しかしそんな中でも文句を言わず、調査に付き合ってくれたレンジャーには精神的にとても助けられたし、感謝している。

調査システムのカイゼン

博士課程の調査時には、レンジャーにチップを渡すことを前提に費用の見直しをおこなった。大いに助かったのは日本学術振興会の特別研究員に採用されたことで、十分な研究費を得られるようになり、そのおかげでいつも気が重くなっていたチップ問題もすんなり解決した。そして博士課程でどうしても改善したかったのが、レンジャーが一週間ほどで次から次へと交代してしまうことだった。レンジャーによってはキリンに近づきすぎたり、遅刻が多かったり、調査に同行してもらうには向いていない人もいた。そこで厚かましいお願いだとはわかっていたが「調査期間中一人のレンジャーだけを私に付けてくれないか」と、園長に直談判に行った。初めは難色を示していた園長だったが最後には理解してくれ、急な任務が入らない限り調査期間中同じレンジャーを確保してくれることになった。この決断は本当にうれしかった。いつもタンザニア渡航前はレンジャー問題を思い出して気が重くなり、滞在中は突然のレンジャー交代やそれぞれのレンジャーの態度に一喜一憂していた。これからはそんな心配がなくなるのだ。博士課程の学生としてタンザニアに滞在した計一年間は、私と同い年のカレラというレンジャーとともにいつも調査をすることができた。彼とはキリンが見つからないときにも冗談を言い合って林を歩いたし、ときには本気のケンカをしたこともあったが、本当に感謝している。生活面でも助けてくれ、私が質素な食生活を送っているのではないかと彼はいつも心配してよく家に招いてくれ、彼の奥さんが私の大好きな料理を作って待っていてくれた。涼しい部屋に引きこもっていたい暑さの中でも、「カレラが私のことを事務所で待っている」と思うと、いつも家から一歩踏み出すことができた。彼なしでは博士課程のデータは取れなかったと思う。その後、残念ながらカレラは別の国立公園に転勤してしまったのだが、彼ほど楽しく気楽に調査に臨めるパートナーはその後もまだ現れていない。

ショッピングは町に行くまでが大変

調査開始時の二〇一〇年には、公園事務所に隣接するシタリケ村に車を持っている人はほとんどいなかった。そのため村から三八キロメートル離れた、ムパンダという日用品がそれなりに揃う町まで行くための交通手段はほとんどなかった。しかしさすが政府機関の国立公園、彼らには公園所有の車に加えて野生動物保護団体の援助などによる「動く」車が数台あった。実は村や公園には、部品がなく修理が完了しないままの車や、限界の限界まで走り切って鉄の置物と化した車がよく転がっているのだ。

月末は公園内の方々に散らばってパトロールをしていたレンジャーたちが戻ってきて、事務所がとても賑やかになる。翌月のパトロールの開始まで、久しぶりに家族と時間を過ごしたり、バーに出かけたりとリフレッシュをするのだ。そしていざパトロールが開始される日が決まると、次のパトロールに向けて一ヶ月分の食料や、日用品の買い出しをするために公園が車の使用許可を出し、みんなで町へ繰り出すのだった。毎月のショッピングデーは、公園に勤める人たちみんなの数少ない楽しみの一つで、その日はレンジャーだけでなく彼らの奥さんや子供たちも、色鮮やかな布で仕立て上げられたよそ行きの服を着てやってくる。私にとってもその日は久しぶりにパンやジュースを買える貴重なチャンスで、毎月とても楽しみにしていた。しかし問題は、公園の車はほぼすべてピックアップ型のランクルだったことだ（ウェブ付録写真4）。

タンザニア人はお年寄りや子供に優しいので、唯一土埃を被ることなくゆったりと座ることのできる助手席にはお年寄り、あるいは乳飲み子を抱えたママが座ることになる。たいていはその助手席に大人を二人、あるいは子供を数人乗せるので結局ぎゅうぎゅう詰めになってしまうのだが。私は「公園の車で町まで一緒に乗せて行ってもらえるだけ感謝」と思って、荷台に乗り込む。まさか日本で荷台に乗った経験はないし「景色が楽しめそうだしなんだか面白そう」と思っていたのだが、まったくそんなことはなかった。村から町までの道路は未舗装で、いざ乗ってみるとタイヤが巻き上げた土埃を全身に被るし挙句に小さな石まで飛んできて、タイミングが良ければ（悪ければ?）顔にピシッと命中するのだ。しかも公園のドライバーはスピードを出すことがいいと思っている節があって、やたらと飛ばす。ガタゴトの未舗装道を、時速一〇〇キロメートル以上のスピードで走ることはよくある。すると荷台に猛烈な勢いで風が襲いかかってきて目は開けていられないし、ひたすら土埃と飛んでくる石ころに耐えることになる。いつもはおしゃべりなタンザニア人が荷台にぎゅうぎゅう詰めで何人も乗っているのに、このときばかりはみんな静かにサファリが終わるまでじっと耐える。荷台に乗ることにだんだん慣れてくると、立ち位置の良し悪しがわかるようになってきた。端っこに寄りすぎると石を顔面に受けやすい。後ろの方だと地面の凸凹を車が乗り越えるたびに、荷台の鉄の枠組みが背骨に当たって痛い。だから私は、いつも荷台の前方で両輪のタイヤの中心付近、さらに余裕があれば荷台の枠組みの上に座るようにしていた。ショッピングは楽しみだけれど町に行き着く前に全身土埃まみれになるし、ギュッと車にしがみついているので結構体力を消耗するのが難点だった。

二〇一四年には中国籍企業による町から村までの道路舗装工事が完了し、収入が増えた人も多いのか日本からの中古車を買う村人も増えた。そのおかげで今では村から片道約一五〇〇円で、ゆったり座って車窓を眺めているだけで町に着くようになった。それまで村ではなかなか手に入らなかった青菜や果物などが、村でも簡単に買えるようになった。でも私は、みんなでランクルの荷台に乗って土埃にまみれながらショッピングに向かった道中の方が楽しかったなぁと、あのサファリを懐かしく思いだすのだ。

3章

園生活【親仔編】

1 ミオンボ林に生きるキリンの保育園研究、事始め

一日の調査スケジュール

私の調査方法は至ってシンプルだ。平日は朝七時に事務所でレンジャーと待ち合わせる。レンジャーはまず、鉄線と高い塀で囲まれた武器庫から銃を取り出す必要がある。万が一に備えてレンジャーは銃を持って歩くが、これまでに私と歩いていて動物に対して発砲した危険な場面はない。武器庫の鍵は一つしかなく、それを扱うことができるのは六〇人ほどいるレンジャーの中で五人ほどだ。だから私の調査が始まると、武器庫の鍵の管理人には毎朝七時に事務所に来てもらわなければいけない。毎年管理人たちからは「また帰ってきたのか！」と文句を言われるが、みんなとても協力的で本当に助かっている。

レンジャーが銃を受け取ると、さぁキリンを探しに出発だ。基本的にはキリンを見つけるまで歩き回り、キリンを見つけたら彼らを驚かさない距離からじっと観察する。不思議なのだが、私が立っているときよりも座っているときの方がキリンは安心しているように思う。人間は座った状態からだとすぐに動けない生き物だと、キリンはわかっているかのようだ。だからキリンを見つけたら、五〇～一〇〇メートルほどの距離、あるいは人間に慣れている子たちだと三〇メートルくらいの距

離を確保したところで、ひとまず私は座る。そしてザックから双眼鏡、ノート、ペンを取り出して観察を始める。彼らが移動したら私たちもひっつき虫のように付いていく。私たちには追えない、川の向こう岸の遠いところまでキリンが移動してしまったときや、藪が密生しすぎていて観察どころか自身の安全も確保できない場所にキリンが入っていったときは、その個体の追跡を潔くあきらめて別の個体を探す。

キリンがいそうな場所としていくつか目星をつけていて、毎朝その場所を一ヶ所ずつ回っていくのだが、なかなか見つからないときもある。「今日はもう見つからないかも」と半ばあきらめかけて、見晴らしのいい高台で双眼鏡を目に当てると、遠くにキリンを発見することもある。またあるときは、彼らのいる場所は公園の外で、境界からゆうに二キロメートル以上離れた場所だったりもする。タンザニアの国立公園はフェンスで囲われておらず、野生動物は公園の外に出ることができる。ただキリンが、そのまま本当にどこまでも行ってしまうことはなかなかないと思う。彼らの行動圏は人間が定めた境界とは関係なく、恐ろしい人間の存在や食べ物の分布によって決められているのだと感じる。境界からしばらくは草原が広がっているが人家が目の前に迫ってきているし、家畜の放牧をしている人や家の屋根を覆うための下草を刈りに境界ギリギリまで来ている人もいる。それにキリン（特にメス）は、慣れ親しんだ環境をより好んで利用することがわかっている。そういった人間活動や個体ごとの環境への選好性の影響で、キリンや他の野生動物は結局公園内に戻ってきているように思う。彼らにとって公園は安全なところだとなんとなく認識されているのだろうか。ただ

寝転んでいるのは、レンジャーのカレラ。このくらいの距離までキリンが近づいてきてしまったら、じっとしているのが一番。この成獣メスは私たちに気づいていながらもゆったりと採食をし、その後駆け出すことなく去って行った。

川の対岸に3頭のキリンが見える。この距離になると、観察には双眼鏡が欠かせない。

しハゲワシなど、鳥類では話は違う。GPSデータロガー（小型記録計）を装着されたコシジロハゲワシが、直線距離で約三〇〇キロメートル離れたカタヴィとルアハ間を行き来していることも明らかになってきた。彼らは両国立公園の間にある人家など物ともせず飛び越えていけるのだ。

話がそれてしまったが、乾季の朝方は身震いするほど気温が下がっているので、午前中は日の当たるところを探して座る。しかし一一時を過ぎる頃になると、今度はだんだんと日射しが強くなってきて日なたには座っていられなくなる。そこでキリンを驚かさないようにそーっと移動しながら木陰を探すのだが、すっぽり身体が収まってかつキリンがしっかり見える場所にある木陰を見つけるのはなかなか難しい。良い木陰を見つけたと思っても、枝葉の先にあたる木陰に座っていると、二〇分もすれば身体の一部分が影から出てしまう。太陽の動く方角と木の場所を考えて木陰を選ぶのがポイントだ。私が木陰を求めてちょろちょろ動いているのに比べ、キリンはさすが、良い木陰に陣取っている。ときには一時間、二時間座って休むこともあるのだが、時間が経っても身体の大部分は木陰に入ったままで、とても気持ちがよさそうだ。

お昼を迎えると、休憩をとるためにいったん家に戻る。これまで先生や先輩たちの調査スタイルを聞いていると、お弁当を持って朝日が昇る前に家を出発し、夕日とともに帰宅というパターンがほとんどだった。しかし、私はレンジャーの希望や生活環境を踏まえて、午前と午後の二部に調査時間を分けることにした。レンジャーがいなくても安全な場所で観察を続けることができる場合は、午前午後と連続で調査することもあったが、多くの日は二部制だ。二部制で調査をしていることに、

成獣のオスとメスが隣同士で座って休息中。大きな身体はちゃんと木陰に入っている。

後ろめたさがないといえば嘘になる。なんだかさぼっているような気分になるからだ。ただキリンの先行研究を読み進めていくと、研究者によっては二部制を取っている場合もある。たとえば採食行動の研究者は、「昼間はキリンが採食をせず休んでいることが多いため二部制にした」と論文に書いていた。一日のキリンの行動圏や、各行動（採食、移動、休息など）の一日における割合を知りたいのであれば、日中ずっと追いかける必要があるが、取りたいデータによっては必ずしもそうする必要はないのだとわかり、少し安心した。

まだまだ太陽は高く風がなくて暑い一五時、再びレンジャーと事務所で落ち合い、まずは昼休憩前にキリンと別れたところを目指して歩く。たいていキリンは、昼間別れたところからあまり離れていないところでまだ休んでいたり、採食していたりする。夕方は遅くとも一八時半までに銃を返さなければならないので、それまでには事務所に戻って一日の調査が終了だ。

キリンを見つけたら

キリンを見つけてまずおこなうことは、キリン一頭一頭の性年齢クラスの分類と、個体識別だ。キリンの雌雄を見分けるのは簡単だ。キリンを横から眺めてお腹の下を見ると、真ん中からちょっと尻尾の方にいったところが、ぽこっと下に向かって少し膨らんでいる個体がいる（ウェブ付録写真5）。そこはオスの外性器がある場所だ。一方、メスのお腹にはその膨らんでいる部分がない（ウェブ付録写真6）。代わりにメスには、隠れてしまって少し見えにくいが、後脚の間に四つの乳首がある（口絵4ページ）。性別を見分ける他のポイントは、成長にともなってオスの方がメスよりも体色が濃くなっていき、頭骨全体がゴツゴツしてくることだ。ただしオスの体色は、年齢を重ねるごとに変化し、また個体によってもまちまちである。そのオスの体色に応じた繁殖戦略については後ほど説明しよう。また成長するにつれてオスの頭頂高はメスよりも高くなるが、これは年齢との兼ね合いもあるので、やはりお腹の下を見るのが性別を言い当てるのに一番確実だろう。

年齢のクラス分けは実はいまだに苦労することがときどきあるのだが、私は赤ちゃん（生後六ヶ月未満）、幼獣（生後六ヶ月〜一歳半以内）、亜成獣、成獣の四クラスに分けている[1]。動物園で飼育されて

角の先端の毛がまだふさふさしている、生後約1ヶ月の仔。私たちが近づいた直後は写真のように耳をピンと立て、こちらをじっとみつめて怪しんでいたが、しばらくすると彼の警戒心は薄れていった。

いるキリンの平均寿命は二五歳ほどだが、野生では二〇歳という報告もある。[2] それぞれの個体の正確な年齢を知るためには出生日を知る必要があるが、野生個体のそれを把握するのは難しい。だから頭頂高や身体的特徴から年齢を推定するしかない。

赤ちゃんに特徴的なのは、出生直後は折りたたまれていた角がだんだんと起き上がってきて、数週間後にはふさふさのパイナップルみたいな角毛になることだ。そのパイナップル状態は数ヶ月間続く。ちなみにパイナップル角（私が勝手にそう呼んでいる）のことを日本の動物園の飼育員の方々にお話ししたところ、「うちで産まれたキリンの赤ちゃんの角はそんなにふさふさしてなかったけどなぁ」と言っていた。確かに国内で産まれたキリンの写真を見ると、どの仔の角もシュッと筆のように毛がまとまっている。日本の動物園で飼育されているキリンの多くはアミメキリン(*Giraffa camelopardalis reticulata*)だが、私が観察しているキリンはマサイキリンだ。異なる亜種間で仔の角毛が、筆かパイナップルかという違いがあるとは思えないが、ちょっと面白い。付け加えると、パイナップル角の方がちょっと抜けている感じがして可愛い(と私は思っている)。赤ちゃんと幼獣の違いは、幼獣はパイナップル角ではなくなって、角毛がまとまってくることだ。キリンの離乳は多くの場合生後一歳半には完了するので[3]、授乳の有無は幼獣と亜成獣を見分けるポイントになる。そして、お母さんと常に一緒に行動しているかどうかも重要な確認ポイントだ。最近は調査歴も長くなってきて、仔が産まれた年の記録が残っているので、そのデータも合わせて年齢クラスの推定をおこなっている。

最後に、個体識別をおこなう。調査開始当初はこれが一番難しかった。キリンの身体の模様は一頭一頭異なり一生変わることがないため、模様を記録することで何年経っても個体を識別できる。他のキリン研究者はバズーカみたいな望遠カメラで模様の写真を撮っているが、私は荷物が重くなるのは避けたい。それに電気がいつもあるわけではない土地で、常に電子機器に頼るのは危険だ。そこで、日本の霊長類学者が昔から用いてきた方法である、スケッチでの個体識別をおこなうことにした。身体的特徴をスケッチ、メモすることで各個体の特徴を覚えていくのだ。

私は、出会ったすべてのキリンの首の両側の模様を記録することを目標に個体識別に取り掛かった。しかし開始当初はなんだかどの模様も同じに見える。双眼鏡を覗きこんで、ある程度模様を頭で記憶してそれらしき模様をスケッチしても、次に双眼鏡を覗いたときには一体さっきはどこの模様を記録していたのかさっぱりわからない有様だった。当時は首のすべての模様を全部その通りに書こうと思って、ふわふわしたまったく特徴のないスケッチになっていて、余計に識別が難しくなっていた。その後、すべての模様をキレイにスケッチしようとするのではなく、まず首の全体を眺めて特徴のある模様をいくつか見つけ、それを中心にスケッチをするやり方がいいことに気がついた（図3）。特徴のある模様とは、笑っているような顔やスペード、ハートなどさまざまだ。それを目印にスケッチをしていくと、次にその子を見つけたときにもまずその模様に目が行くようになる。そして、各個体に名前を付けるのだが、私の場合はまったく工夫がなく目立つ模様をそのまま名前にしている。たとえば水滴のような模様があるメスの個体はしずくちゃん、カブトムシのような模様があるオスの個体はカブトムシ君だ。そんな安直なネーミングだからこそ、次に彼らに会ったときには簡単に頭の中の識別表と照らし合わせて、彼らの名前をノートに記録することができる。それに、写真をパシャッと一瞬で撮るだけではなくスケッチをすることで、一頭一頭のキリンに対する思い入れがより強くなる気がする。今ではその個体識別リストも一五〇頭近くになり、調査を始めた二〇一〇年から二〇一九年までの全五回の調査で毎回観察できている子もいる。カタヴィに戻ってこれまでの調査で記録した子たちを見つけるといつも、彼らが元気に生き抜いていたことにとってもうれしくなる。彼らはきっと私のことを覚えてくれてはいないだろうけれど、ときどき現れる

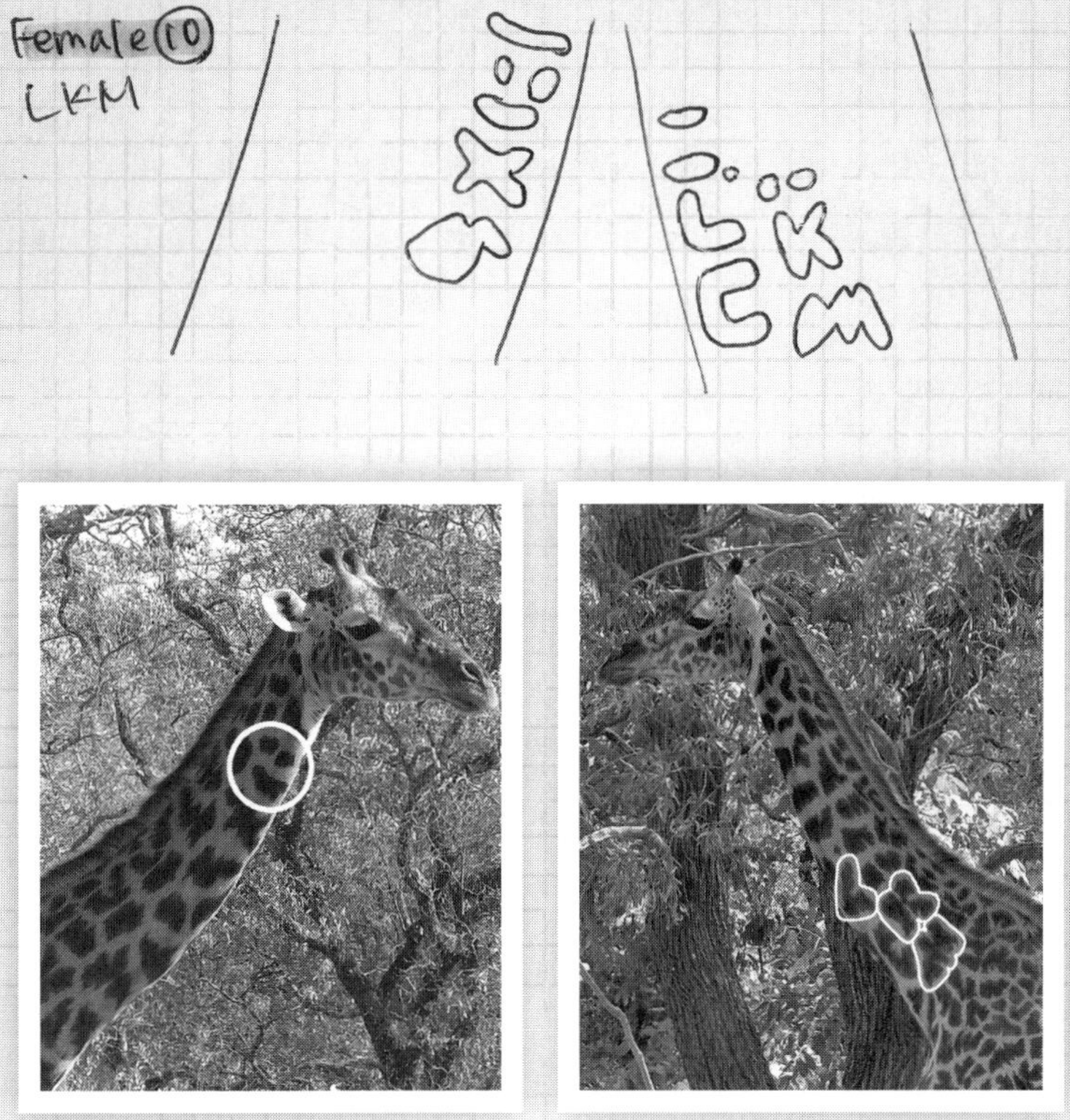

図3　成獣メスLKMの首の両側の模様のスケッチと写真

個体識別に利用している彼女の模様の特徴として、白線で囲んでいる首の左側面（下図右手）の、アルファベットのLKMのような模様、首の右側面（下図左手）の、にこちゃんマークがある。上図は実際に私がスケッチした彼女の模様。首の模様すべてを書くことはせず、特徴のある部分だけを押さえるようにしている。

私のことを「ちょっと離れたところからじっとみつめてくる変な生き物」くらいに覚えていてくれたらうれしい。

私は研究対象のキリンが、マサイキリンで良かったと思っている。たとえば日本の動物園に数多くいるアミメキリンは、網目がきれいだけれど一つ一つの模様の特徴がマサイキリンよりも少ないと思う。もちろん私がアミメキリンを見慣れていないだけかもしれないが、もしアミメキリンを研究対象としていたら、スケッチでの個体識別はあきらめていたかもしれない。

保育園ができるまで

私はキリンの仔育てを研究しているが、そもそも調査エリアに仔がまだ産まれていなかったり、産まれていても母仔がなかなか見つからない日もある。そんなときは、母仔以外のキリンを追うこともある。それに仔育ては繁殖行動の一部であるため、母仔の関係だけではなくオスとメスの関係も重要になってくる。だからここでは、私が修士課程の研究テーマに据えた母仔の個体間距離と彼らが離れている時間の長さについてわかったことも交えながら、キリンが成長するにつれてその行動や社会性がどのように変化していくかを繁殖行動に絡めて紹介したい。

キリンのメスは六〜七歳で初産を経験する。一方オスは、四歳には繁殖可能年齢に達しているとされるが、その年齢に達しても実際に仔をもうけるのはまだまだ先だ。というのもオス間には順位があるため、[4]より年長で高順位のオスがメスと交尾をするチャンスに恵まれるとされる[5]（実際に血縁解析がおこなわれたわけではないため、オスの順位に応じた正確な繁殖成功率はまだわかっていない）。だから繁殖適齢期になっても、近くに高順位オスがいれば低順位オスの繁殖のチャンスは限られてしまう。野生でキリンを見ていると、確かに成獣オス間には順位がありそうだ。たとえば成獣オス同士を観察していると、元々メスの近くにいた一頭のオスが、彼らのいる場所に向かって他のオスがやってくるのに気づくや否や、サッとメスの元から離れて駆け足で去って行く場面を見ることがある。その様子を見ると、後からメスに近寄って行ったオスの方が、先にメスの近くにいたオスよりも順位が高いと判断できる。一方の成獣メス間には、飼育下で順位が存在することが確認されているが[6]、野生では存在しない印象を受ける。なぜかというと、成獣メス同士はまとまって移動や採食をすることが多く、同じ木で一緒に採食をしている場面もよく観察されるからだ。その際にオスで見られたような、サッと場所を譲る、誰かから逃げるといった行動は見られない。環境によって彼らの社会性に違いが生じているのかもしれない。さらに飼育下では、メスの初産の年齢もオスが交尾に成功する年齢も野生より若い。それは栄養状態の違いや、そもそも競合するオスが他にいないといった違いが影響しているのだろう。

野生では一生のうちに一一頭もの仔を産んだメスや、逆に不妊だったのかその生涯で一度も仔を産まなかったメスがいる。キリンは一年を通して繁殖をするので、決まった時期に仔がたくさん産まれることはない[7]。だからセレンゲティで見られるような、ヌーやシマウマのメスたちがみんな仔を連れて草原を大移動するシーンは、キリンでは起こらない。キリンの妊娠期間は、約一五ヶ月にも及ぶ。産まれたときの体重と頭頂高に雌雄差はほとんどなく、体重は約八〇キログラム、頭頂高は約一・八メートルだ。双子が産まれるケースはほとんどなく（一八二四年から二〇〇九年までの間、飼育下では一頭で産まれたのは六八八三頭。一方双子は二六組産まれ、合計妊娠数のうちたったの〇・四パーセント[8]）、まれに双子が産まれたとしても二頭ともが無事に大きく成長するケースはさらに少ない。しかしそうとは知らない人たちは、野生で保育園にいる仔たちと見守り役のお母さんキリンを見つけて「双子だ！」と勘違いすることがある。

　野生では出産直前になるとお母さんは他のキリンたちから離れて、お母さんにとって安心できる落ち着いた場所で出産するといわれる。これは確かに観察していてそんな気がする。それまでよく見かけていたメスを最近見ないと思ったらある日突然姿を現わし、彼女の横に小さな仔キリンがぴったりとくっついていることがたびたびあった。お母さんは産まれたばかりの仔との絆を深めるために、生後一週間ほどは二頭だけで過ごすそうだが、逆にこれはちょっと怪しいのではと思っている。なぜかというと産まれて数時間の仔に対してお母さんではないメスが、仔の匂いをしきりに嗅ぎ、さらにその身体を舌で舐めてやっている様子を目撃したことがあるからだ。お母さんの方はそのメスに対して特に怒った様子を見せるわけでもなく、そのメスのしたいようにさせていた。ただしお母さんは、信頼できる個体だけを我が子に近づけるようにしているのかもしれない。同じお母さんが以前出産したとき、亜成獣のオスが仔に近寄って行ったことがある。するとお母さんがそのオスに向かって、ドスンと前脚を強く踏み込んだ。この前脚を踏み込む動作は後脚でキックする動

仔がお母さん以外のキリンに初めて出会う様子。お母さんである花の子（奥）は、この成獣メス（LKM、手前）が我が子に近寄ってきても彼女のしたいようにさせていた。
〈動画URL〉https://youtu.be/AGyfGvJacNM

作とともにキリンが怒っているときの行動とされるが、それまで私はキリンが怒る場面をほとんど見たことがなかったので、とても驚いた。

キリンには明確な出産のピークはないといったが、それでも同じ時期、同じエリアに数週間〜数ヶ月差で仔たちが産まれるときがある。そうするとお母さんたちがどうやって仔の存在をお互いに伝え合っているのかはわからないが、仔連れメスたちがだんだんと一ヶ所に集まってきて保育園がつくられる。ただしものすごい数の母仔ペアが集まるのかというとそうではなくて、これまでの保育園観察歴のなかでの最大ペア数は三だった。一ヶ所にたくさんのキリンが生息しているわけではないのと、出産のピークがないことから小さな保育園になるのだと思う。ちなみにキリンの保育園には人間のように、ある年齢の仔までしか預けられないといった決まりや、年齢に応じた組分けはない。前年産まれの仔が、翌年産まれの仔たちがいる保育園に加わることもある。そういった保育園では年上の仔が歩いていく後を年下の仔が追いかけていって同じ木の葉を食べたり、近くに座って一緒に休息したりする光景をよく見かける。年上の仔が保育園にいることで、年下の仔は教わることがいろいろとあるのかもしれない。

遠出しないお母さん

キリンの保育園の観察中、私は仔たちから五〇メートルほど離れたところに座って彼らの様子を見守る。保育園では仔たちはそれぞれのお母さんの近くにいるよりも、仔たちできゅっと集まって一緒に座って休んだりかけっこをしたりする。ただ、追いかけっこなどの遊びがそんなに頻繁に見られるわけではなく、ニホンザルなどでよく見られる毛づくろいといった社会交渉は少ない。人間の仲良しの友達同士では当たり前の、スキンシップなどの社会交渉がキリンの仔たちには少ないことで、もしかすると人間の目からはキリンの仔たちはあまり仲良しには見えないかもしれない。けれど仔たちは多くの場合、周りにたくさん他の木々はあるのに同じ木で採食したり、これまた周りにスペースはいくらでもあるのにぴったり寄り添って座って休んでいることが多い。成獣ではそんなにいつもお互い近くにいることはない。キリンの尺度では、おそらく仔たちは「とっても仲良し」

なのだろう。

そんな仔たちが集まっているところを中心として、そこから五〇メートルあるいはそれ以上離れたところにお母さんたちがポツン、ポツン、と散らばっているのが保育園を観察していてよく見る光景だ。そこで私は、保育園で見られる組み合わせの、仔たち、母仔、そしてお母さんたちの個体間距離をそれぞれ調べてみることにした。そこからわかったことは、仔たちはお互いに五メートル以内にいることが大半で、五〇メートル以上離れることはめったにない[9]。一方で、母仔は五〇メートルから二〇〇メートル、あるいはお母さんがどこにいるのか私の目からはまったく見えないほど遠くに行っていることもあった。

さらに、お母さんたちの個体間距離はどうかというと、人間では、公園で子供た

保育園で過ごす仔たち

藪の向こうに、座って休息中の仔とその横に立っている仔が見える。立っている仔の方は自分の口を、座っている仔の口にしきりに近づけている。この行動の真意ははっきりとはわからないが、何とも微笑ましい光景だ。

〈動画URL〉https://youtu.be/SJdMtly69ME

ちが集まって遊んでいるその少し離れたところで、お母さんたちで集まって世間話に花を咲かせている光景をよく目にする。しかしキリンの場合、仔たちから離れたところでお母さんたちが集まっているわけではなく、お母さんたちはそれぞれバラバラで食べ物を探しに行くようだ。

さて、そうして出かけて行ったお母さんは、一体どれくらいの時間が経ったら仔の元に戻ってくるのだろうか。それを調べる前に決めるべき大切なことがある。母仔の個体間距離がどの値になったときをもって母仔が離れたとするのか、つまり群れの定義を決める必要がある。実はキリンの群れの定義は研究者によってさまざまで、アフリカン・サヴァンナでの研究では、ある二個体が一キロメートル以内にいる場合は同じ群れにいると定義していることもある。しかし、ミオンボ林で一キロメートルも先にいるキリンが見えるかというと、いくら目がいいといわれるキリンでも見えないと思う。なぜならミオンボ林は、サヴァンナよりも木々が生い茂っていて見通しが悪いからだ。そこで私は、ミオンボ林の中では二〇〇メートルより先にいるキリンを見つけることは難しく、かつお母さんは我が子から一〇〇~二〇〇メートルほど離れたところで採食することが多いと報告されていたため、母仔の個体間距離が二〇〇メートル以上開いた場合を母仔が離れた状態、と定義することにした。その定義の元、母仔が離れている時間を記録したところ、お母さんが仔から離れる時間の長さは平均二五分で、一時間半を超えることはなかった。[9] そして母仔が一緒の群れにいる時間の長さは平均四〇分だった。[9] 私の初めてのキリンの観察から、ミオンボ林に暮らすお母さんは仔を残して食べ物を探しに行っても、一時間以内に戻ってくることが多い、とわかった。つまり今回ミオンボ林で観察された仔育ては、アフリカン・サヴァンナで報告されている、お母さんが仔を残して数時間あるいは数キロメートルも離れているところに採食や飲水に行く、といったキリンの仔育てと少し様子が違うのだ。

一体なぜ、このような変化がうまれたのだろうか。理由の一つとして、植生の違いが考えられる。アフリカン・サヴァンナはマメ科ネムノキ亜科に分類されるウァケリア属とセネガリア属（どちらもアカシア属であったが、二〇一一年までに分類体系が変更された）が優占樹種だが、ミオンボ林ではマメ科ジャケツイバラ亜科が優占樹種だ。樹間距離は前者の方が長く、アフリカン・サヴァンナとミオンボ林の一定面積あたりの樹木数を比べてみると、後者の方が樹木が多いのだ。また調査をおこなった乾季でもミオンボ林には落葉せずに葉が残っている大木がある一方、先行研究のおこなわれた調査地に分布するウァケリア（アカシア）トルティィリスなどは雨季が始まる数週間前になってやっと新しい葉が芽吹いてくる。[10] さらに授乳中のキリンはタンニンが多く含まれるウァケリア属やセネガリア属の樹木（アカシア）を好まないという報告もある。[11] そういった植生の違いや樹木の特徴を踏まえて今回の私の結果を眺めると、アフリカン・サヴァンナに比べてミオンボ林では、授乳中のお母さんにとってエネルギー源となる好ましい食べ物が近場でたくさん手に入るのではないだろうか。

謎の意思疎通

人間のお母さん、お父さんが、毎朝子供たちを保育園に預けるとき、ある子は「わーい！」と歓声を上げながら友達や先生に走り寄って行ったかと思ったら、ある子は親にしがみついて泣き叫ぶ。お迎えの時間がくると、子供たちは勢いよく親の元に駆け寄ってくる。なんとわかりやすい感情表現だろうか。子供の感じていることが、声や表情からすぐに伝わってくる。一方のキリンは？ お母さんが仔を保育園に残してどこかへ去って行くとき、仔はキリンなりに駄々をこねてジタバタするのだろうか。お母さんが戻ってくる姿を見つけたときは、キリンなりのうれしい声をあげたりするのだろうか。そもそもキリンはどうやって意思疎通を図っているのだろうか。

キリンは、めったに鳴かない動物だ。動物園でキリンの鳴き声を聞いた人はほとんどいないだろう。私もこれだけキリンを観察していても、実際に鳴き声を聞いたことはない。何か（ときには私）を警戒して、鼻から空気を一気に出してブフッという音をたてることはある。しかし、あれは鳴き声とは呼べないだろう。キリンの鳴き声がどんなものか気になった方は、動画検索サイトで調べてみてほしい。可愛い顔をしたキリンの仔がそんな鳴き声を出すのかと、ちょっとギョッとするかもしれない。さて、そんなめったに鳴き声を出すことのないキリンだが、お母さんと別れるときの仔はどんな様子だろうか。基本的には仔がお母さんの元を離れて、ふらふら一人でどこかに行ってしまうことはない。たいていはお母さんが採食をしているときに仔が座って休息を始め、その間にお母さんはどんどん遠くに行ってしまうという感じだ。お母さんが去って行くことに仔は気づいているのかいないのか、パッと立ち上がって周囲を不安げに見渡す様子やお母さんの後を追いかけていく様子はまったく見られない。「自分はここに残っていなければいけない」ということが、ちゃんと

ある日の保育園の様子

見守り役のお母さんの背後にいる仔2頭は、私たちのいる方向に耳を傾けて若干警戒しながらも、見守り役を信頼して採食を続けているのだろうか。

わかっているみたいだ。しばらくして休息が終わっても、仔たちで仲良く一方向に移動して、ところどころで食べ物を口にしている。キリンの仔というのは、なんとまぁ保育園に預けやすい動物なのだろうか。では逆に、お母さんが保育園に戻ってきたときはどんな様子だろう。実は私が観察していたとき、不思議な出来事があった。ある日の午後、仔二頭を観察していたときだ。仔たちを見つけたときにはいたお母さんたちの姿が、今は見えない。お母さんたちは一体どこに行ったのだろう。「あと一〇分ほどで観察を切り上げて事務所に戻らなければ」と考えていたときだった。仔が二頭とも採食をやめ、これまでの進行方向とは逆の方向に向かっていきなりパッと歩き始めた。どうしたのだろうと彼らの進む先を見ると、お母さん二頭が向かいの林から道路を横切って仔たちの元へと向かってくる。そしてお母さんたちが道路を渡り終えたあたりで、それぞれの母仔ペアが合流しお母さんが母乳を与え始めた。このとき私には何が起こったのか、よくわからなかった。どうやって仔は、ほぼ背後からやってくるお母さんに気づいたのだろうか。視野が広く目がいいといわれるキリンだが、仔たち二頭とも同じタイミングでお母さんの存在に気づいたのだろうか。私にはお母さんからの鳴き声は聞こえなかった。キリンは人間には聞こえない超低周波音を発してコミュニケーションをとっているという説もある。私が観察していたときもその超低周波音を使ってお母さんが、「今からちょっと出かけてくるから、良い子にして友達と遊んでいるのよ」とか、「お待たせ〜、ミルクの時間よ」とでも仔に伝えていたのだろうか。しかし、動物園でおこなわれた研究ではキリンの超低周波音は確認されず[12]、キリンの意思疎通方法は謎のままだ。

2 キリンのお母さんは授乳に厳しい

授乳の開始・終了権は、お母さんにあり

キリンは私たち人間と同じ哺乳類だ。つまり、母乳で仔育てをする動物だ。産まれてすぐの仔は母乳だけを摂取するが、成長とともに授乳の頻度は低く、継続時間(母乳を連続して飲んでいる時間)は短くなり、やがて離乳を迎える。その頃には主な栄養摂取源が、母乳からそれぞれの消化機能に合った食べ物へと移行している。キリンの場合は早ければ生後約一ヶ月で葉っぱを口にし始め、反すうも始まる(反すうについては4章第1節「キリンの昼間の過ごし方」参照)。

哺乳動物の証である授乳行動に関する細かいお作法は、同じ哺乳類といっても動物種によって異なっている。たとえばオランウータンやゴリラといった大型類人猿では、授乳をおこなうタイミングはお母さんというよりも子が決める。離乳期を迎える頃にはお母さんが拒否することもあるが、それまでは母乳を求める子に対してお母さんが攻撃的になったり拒否することはほとんどない。[13] しかし、キリンのお母さんはそうではない。基本的にキリンの授乳行動はすべてお母さんがコントロールしている。それは仔がまだ生後一週間、二週間の場合でもだ。これまでの母仔ペアの観察からわかってきたことは、お母さんから仔に近づいて行った場合は、授乳が成功する場合が多い。逆に仔

からお母さんに近づいて行った場合は、仔が首をかがめて母乳を飲もうとするものの、お母さんがふいっと歩き出してしまうことが多く授乳が成立しなかった。二〇一六年に生後四ヶ月以内の仔を二頭観察していたとき、仔からアプローチした場合の授乳成功率はたったの五パーセントだった。そもそも仔がお母さんに近寄って行くと、仔が母乳を求めていることにお母さんは気づくのか、仔を残して歩き去ってしまうことが多かった。ポツンと残された仔は、遠く離れて行ってしまうお母さんの方をじっとみつめていて、なんとなく悲しげに見えてしまう。そして仔の成長とともに、お母さんから仔に近寄る回数が減っていくのだ。つまり授乳を開始する権利は、ほぼお母さんにあるといっていい。ただし、さすがに生後数時間しか経っていない仔に対するお母さんの様子は違っていた。「早く我が子に初乳をたくさん与えなければ」と思っていたのか、仔が母乳を飲んでいったん口を離してまたしばらく時間があいて飲みだしても、お母さんは仔の好きなようにさせていた。

授乳の開始権はお母さんにあるのだから、せめて仔がお腹いっぱいになるまでは飲ませてあげるだろうと期待するが、これも残念ながら(?)そうではなかった。授乳の終了権もほぼお母さんが握っているのだ。出生直後から一週目くらいまでは、仔が母乳を飲み終えるまでお母さんは動かずに待っている。しかしその後は、まだ仔が母乳を飲んでいてもお母さんは仔に構わず歩き出してしまう。離乳期を迎えていた仔のお母さんの場合は特にそうだった。授乳を終わらせようとお母さんが急に動き出すので、仔の方はお母さんの後脚が自分の顔にぶつかる前に急いで首と頭をお母さんの下腹から引き抜かなければならない。それでもまだ母乳がほしい仔は、お母さんを追いかけてミルクをせがむ。しかしいったん授乳をやめた後は、どんなに仔が追いすがってもお母さんが再び授乳をしてくれることはない。次にお母さんが授乳してくれるまで、仔は数時間ほど我慢しなければならないのだ。

なぜお母さんが授乳をコントロール？

なぜキリンでは授乳の開始も終了も、お母さんがコントロールするのだろうか。キリンのお母さんの仔育ては置き去り型なので、お母さんは数時間に一回のペースで仔の元に戻ってきて授乳をおこなう。その戻ってくるタイミングとして考えられるのは、お乳が張ってくることによる痛みだ。ただ私が遠目から見た限りでは、「なんとなーくお乳が張ってそう」くらいの感覚だ。間近に観察できる動物園のような環境だと、お乳の状態がもっとよくわかるかもしれない。そんなお母さんは「さっきの授乳から時間が経ってお乳が張ってきて痛いから、そろそろあの子の元に戻って授乳するか」くらいの感じで授乳をおこなうタイミングを決めるのかもしれない。つまり置き去り型という母仔が離れる仔育て方法を取っているからこそ、授乳の開始権はお母さんが持たざるをえないのかもしれない。アフリカゾウやナキガオオマキザルの我が子を亡くしたお母さんも、他のメスの仔を授乳する（あげ乳？）ことがあるようで、その理由としてお乳の張りによる痛みの軽減や、お母さんの乳房への感染症罹患予防が考えられている。[14] それほどお乳の張りは、お母さんにストレスを与える要因なのかもしれない。

置き去り型とは別の仔育て方法に追従型（Follower）がある。[15] 追従型の動物の仔はその名の通り、出生直後からお母さんの後を付いて移動する。このグループに分類されるサバンナシマウマ（口絵8ページ）では、母乳欲しさに仔が母親に近寄った場合、五五パーセント以上のケースで授乳が成功するという。キリンの場合とは大違いだ。お母さんに比べてまだ身体が小さく体力の劣る追従型の仔にとって、常にお母さんの後を付いて移動することは大変だ。産まれてしばらくは母乳以外を口にすることもできない。移動のために重要かつ唯一のエネルギー源である母乳を仔が求めたときに、お母さんが毎回断っていたら仔の命にかかわってくるだろう。そんな背景があって、サバンナシマウマ、つまり追従型の仔の授乳開始権は仔の方にあるのかもしれない。動物種における授乳開始権の違いを、彼らの生活史の違いから探ってみるのも面白い。

さて、お母さんが授乳を終了するタイミングの決め手はあるのだろうか。キリンの仔はウシやシカの仔のように、母乳を飲んでいるときにグイッと勢いをつけて頭をお乳に向かって突き上げることがある。一説にはミルクの出をよくするための行動だといわれている。[16] あれは結構な衝撃でお母さんにしてみれば痛そうに見えるし、その行動の後にお母さんが授乳をやめることもある。お母さんは「お乳の張りが治まってきたし、むしろ下から頭突きされる方が痛いわ」なんて思って授乳をやめるのかもしれない。ただ、キリンと同じく鯨偶蹄目のブッシュバックのお母さんは、仔の頭突き攻撃にしばらくは耐え、ある程度仔が満足するまで母乳を与えていた。ブッシュバックの仔育て方法は、キリンと同じ置き去り型だ。つまり同じ仔育て方法をとる動物種間でも、授乳を終了する

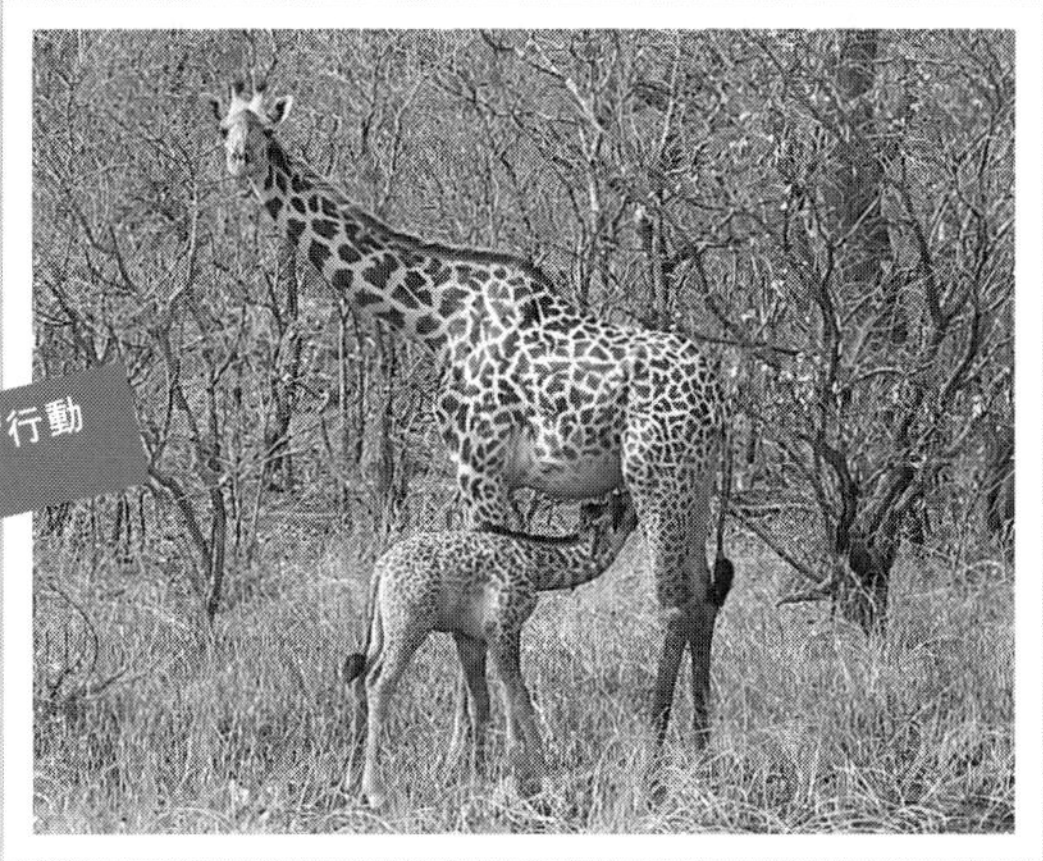

授乳中の仔に頭を突き上げられた（01:13頃）後、授乳をやめるお母さん。ただし、突き上げは毎回起こるわけではない。その後仔はポツンと取り残され、なんとなく哀愁が漂っているように見えてしまう。　〈動画URL〉https://youtu.be/SWk3_UApVsU

ブッシュバックの授乳場面。仔が頭を突き上げると（00:05頃以降複数回）、お母さんはかなり痛そうにも見えるが、何度頭突きをされてもしばらくは耐えていた。
〈動画URL〉https://youtu.be/GuTKFvVHinc

タイミングには若干の違いがあるのかもしれない。私たち人間、そして他の哺乳類みんなが経験してきた授乳行動には、まだまだ面白そうな謎がたくさん隠れていそうだ。

3 キリンの仔育てあれこれ

キリンのお父さん、仔育てへの貢献度はゼロ

キリンの仔育てについて一般の方に話をすると、「お父さんは仔育てに参加しないのですか?」という質問をよく受ける。日本では、「イクメン」という言葉が定着して、二〇一〇年(もう一〇年以上も前!)には新語・流行語大賞のトップテンに入っていた。共働き世帯が増えてきた日本では、お母さんだけでなくお父さんも積極的に子育てに参加するようになってきた。「子育ては両親で協力するもの」というイメージが定着してきたからか、キリンの仔育ての話を聞いたみなさんは、「話にお母さんと仔しか出てこないけど、お父さんは何してるの……?」と思われたのだろう。実は、キリンのお父さんは仔育てにはまったくかかわらない。そう答えると、「えー」という不満にも似た驚きの声がよく会場から上がってくるのだが、本当に一切、何にもかかわらないのだ。

仔が産まれるずっと前、交尾のときまで時間を巻き戻してオスとメスのかかわりを見てみよう。キリンのメスの発情は約二週間に一度やってくる。[17] ニホンザルやニホンジカのように発情期はなく、一年を通して発情が起こる。性成熟を迎えて単独行動が増えてきたオスは、行動圏内を放浪してその発情メスを探す。そして行く先々でメスを見つけると、しばらく彼女の後を追いかける。メスはしばらくオスに付きまとわれると最後にはあきらめたかのように、尻尾にピンと軽く力を入れ後脚を少し両サイドに広げて排尿する。そのときオスが鼻先を尿に近づけ、尿を少し口に含んだ後にフレーメンと呼ばれる、上唇をベロンとまくり上げ歯をむき出しにする特徴的な表情をする。[18] フレーメンはネコやイヌといった身近な動物でも見られる。オスはメスの尿や陰部の匂いの情報を鋤鼻器《じょびき》（ヤコブソン器官）という器官に送り込むことで、メスの発情状態を確認することができる。この行動でメスが発情中ということがわかれば、オスはそのままずっとそのメスの後を追いかけて交尾のチャンスをうかがうのだ。動物園で、このフレーメンの場面は意外とよく見ることができる。そうすると、その場面を目撃した来園者の多くからは「え…、おしっこ飲んでるよ！」と若干引き気味の反応が返ってくる。だがその行動には、のどを潤すためではなく（まぁ多少は飲んでしまっているかもしれないが）、メスの発情状態を知るという、繁殖にかかわる重要な機能が隠されているのだ。この本を読んでくださった方で、動物園に行ったときにフレーメン行動を見て驚いている知り合いがいたら、この行動の本当の機能を伝えてあげてほしい。

さてフレーメンの結果、排尿したメスはまだ非発情期だとわかれば、オスは「うーん、残念」といった感じで他のメスを探してまた移動を始める。野生では、キリンのメスは四歳前後から発情が始まり、六歳を過ぎた頃に第一子を出産することが多い。それでも一歳をすぎたばかりのまだ子供のメス相手に、大きな成獣オスがフレーメンをしていたことがあった。オスは、自分の遺伝子を受け継ぐ仔を数多く残したいがために、繁殖年齢にはまだ達していないとわかりつつも「発情状態を確認しておかなきゃ」と、若いメスにもアプローチするのだろうか。メスの方はどんなオスに対しても排尿するわけではなく、身体が十分に大きいなど繁殖相手として魅力的なオスからアプローチされたときにだけ排尿する。若いオスに付きまとわれても、メスは排尿しないことが多いのだ。

そうしたやり取りののち、発情中のメスを見つけたオスはそのメスの後をずっと追いかけていく。最後にはずっと追いかけられて半ば疲れたような、あきらめたような感じ（に見える）でメスがオスを受け入れる。あるとき私はレンジャーとともに、いつものように地面に腰を下ろしてキリンの仔たちを観察していた。すると突然ドドドッ、というものすごい大きな音が聞こえてきた。五回目の長期調査中だった私は大方の林の音には慣れてきて、何か音がするとそれが何の音か見当を付けることができていたが、今回は何の音かさっぱりわからない。しばらくすると、またその音が耳に届く。聞きなれない音に少し不安になり、中腰でいつでも逃げることのできる体勢を取った。すると木の枝葉の向こうに、キリンのメスとオスが揃って見えた。そのペアは四日前から同じ群れで観察されていて、オスがメスの後をずっと付きまとっていた。ドドドッという大きな音は、交尾後オスがメスから降りた直後にオスの蹄が勢いよく地面を踏む音だったのだ。他の哺乳類とは異なる特徴

オスがメスに乗るのは一瞬だ（00:21頃）。　〈動画URL〉https://youtu.be/MKzrGD5x_TQ

的な体つきをしているキリン。交尾時、そのキリンのオスは後脚だけで不安定な身体のバランスを取りながら勢いをつけてメスの背中に乗る。体重が最大で一四〇〇キロにもなるオスのことだから、メスから降りる瞬間に勢い余ってそのくらい大きな音がするのも頷けた。

ちなみにおそらくそのときの交尾はうまくいかず、オスはそれからもずっとそのメスに付きまとっていた。そして一回目の交尾が確認された日からちょうど一四日後にも、再び交尾が確認された。このオスは交尾が終わったからといってすぐにメスのそばを離れるのではなく、しばらくはそのメスと一緒にいて次の発情がくるかこないか、つまりメスを受胎させることができたかどうかを確認している可能性が考えられる。パンダのように繁殖期が一年のうちたった数日だけだと、一回目の交尾の後にその成否を確認するため、そのメスの後をずっと一年も追いかけるのは労力がかかりすぎる。しかしキリンの場合は、発情が二週間に一度と短いスパンでやってくるため、オスにしてみればしばらくメスと一緒にいてメスが受胎したかどうかを確認するのはさほど労力の無駄ではないのかもしれない。そうしてメスを受胎させることができたら、オスは他のメスを探しにこのメスの元を離れていくのだ。その後メスは、約一五ヶ月の妊娠期間を経て出産し一人で仔育てをする。その頃お父さんはどこかで別のメスを追いかけているのだろう。人間社会でこんなお父さんがいればひんしゅくを買うのは間違いなしだ。でも視点を変えてみると、キリンのお父さんが仔育てにまったくかかわらなかったからこそ、お母さんたちで協力するようになり、その結果として、保育園をつくるようになったのかもしれない。裏を返せば、私のキリンの仔育て・保育園研究が成り立っているのは、お父さんの放浪癖のおかげ、なんてことも考えられる。

ときどき、母仔と同じ群れにオスがいることもあるが、たいていオスは数時間から数日でいなくなってしまう。また、同じ群れにいるからといって、オスから仔に対して何か社会交渉をすることはない。そのためキリンでは、観察から「お父さん」を特定することは難しく、それを知るためには血縁解析が必要になる。野生のキリンのお父さん判定はまだ誰もおこなっていない研究で、いつか挑戦してみたい。

キリンの個性

野生のキリンの生態や行動に関する論文はこれまでにたくさん発表されてきたが、それでもまだ触れられていないことがある。それはキリンの個性だ。長年動物園でキリンを担当されてきた飼育員の方々にお話を伺うと、「この子はすごく憶病で」とか「あの子はおっとりした子で」というエピソードがたくさん出てくる。人間同士でも相手の個性を把握するのには長い時間がかかるのと同じように、キリンの場合も、何時間、何日もキリンと一緒に過ごさなければ彼らの個性は見えてこない。これまで長期間に及ぶ個体追跡をおこなうことが少なかった野生のキリンのフィールドワークでは、彼らの個性にまで迫ることは難しかったのだろう。一方の私は、徒歩調査であるからこそ特定の個体と何時間も過ごすことができ、だんだんと彼らの個性が見えてくるようになった。そして個性を知ることで、それぞれのキリンにもっと愛着がわいた。個性という、論文にはなかなか落し込みづらいエピソードだからこそ、私が見たキリンの個性をここで紹介したいと思う。見方によっては「各個体の人間への慣れ具合の違いなのでは」と思われるかもしれないが、人間への慣れ具合というのも、おそらく彼らの個性の一部でもある警戒心や好奇心を反映しているだろう。キリン一頭一頭に個性があることをみなさんに知ってもらうことが、「動物園でじっくりキリンたちを観察してみよう」と思ってもらえるきっかけになればうれしい。

今回は、長く観察していて、それぞれの違いがよく見えているお母さん二人に登場してもらおう。ＬＫＭと花の子だ。両個体とも二〇一〇年から観察を続けていて、これまでの五回の調査で把握している限り、それぞれ三頭と四頭の仔を出産している。ＬＫＭは首の左側に、名前の通りアルファベットのL、K、Mのように見える模様が上から下へと連なっているのでそう名付けた。彼女は人間に最も慣れている個体のうちの一人で、朝方に彼女を見つけると、今日はしっかりキリンを観察できる日だと安心する。仔育てに関して彼女は要領がいいというかちゃっかり者というか、我が子の面倒を保育園にいる他のお母さんに見てもらうことが得意だ。つまり彼女自身は、保育園の見守り役を買って出ることはほとんどない。そうして彼女は、保育園から五〇〇メートルほど離れたところでのんびり採食や休息をしていることが多い。ただこれは私の気持ちが入っているところがあり、LKMは「私の仔の面倒もよろしく」なんて他のお母さんに頼んではいないかもしれない。他に、リーダー気質という言葉も、彼女の性格を表すのにぴったりだなと思っている。キリンの群れの動きには、年長メスの存在が大きくかかわっている。初めてLKMを記録した二〇一〇年、彼女はすでに成獣だったので正確な年齢まではわからないが、群れの動きを見ていると彼女が一番先に動いてその後に亜成獣や他のメスが続く印象がある。そして彼女は、仔がいないときでも他のキリンたちと一緒にいることが多い。その土地を知り尽くした頼れるお母さんとして、周りのみんなから信頼されているのだろうか。

それに対して花の子は一頭でいることが多く、我が子を守る気持ちがキリン一倍(?)強いメスだ。彼女はLKMとは違って仔がいないときは一頭で、二〇一九年には脚をケガして群れに付いていけないオスと一緒にいることもあった。そして花の子を頻繁に見かけるエリアから少し離れたエリアを使っているメスたちの群れに、ある日突然花の子が加わっていることもあった。花の子は単

もらい乳をねだる我が子ではない個体を追い払おうとする成獣メス（花の子、00:17頃）。野生では、メスが頭や首で攻撃する場面はほとんど見ることがなく貴重なシーンを捉えることができた。
〈動画URL〉https://youtu.be/9X_yEhRz8Ls

独行動や、ちょっとした遠出が好きなのかもしれない。そして花の子は、他のキリンに怒る場面が一番多く観察された個体でもある。ただ彼女が怒るときは、いつも彼女の仔が絡んでいた。3章第1節「保育園ができるまで」で紹介した我が子に近づいてくる亜成獣に対して、追い払うように強く前脚を踏み込んだのは花の子だった。他にも、もらい乳をしようとしつこく寄ってくる他のメスの仔に軽く頭突きをお見舞いしたこともある。メスが他個体を攻撃する行動は動物園ではたびたび報告されているが、私が野生のメスキリンで観察したのはこの一回だけだ。それだけ彼女は、我が子のことになると熱くなるタイプなのかもしれない。

人間にもおおらかなキリンのお母さん

幸運にも私は、目標としていた野生キリンの仔育てを観察することができた。これは何より、キリンのお母さんたちが私たちの存在を脅威と感じず、私たちが仔たちのそばにじっと留まることを許してくれたおかげだ。お母さんたちが私を怖がり逃げてしまえば、仔たちだって逃げてしまっていただろう。カタヴィの事務所近くにいるキリンは、公園内部のキリンに比べて人間の存在に慣れている。それはキリンだけに限らず、ブッシュバックやインパラといった動物たちにも当てはまる。そんな事務所周辺に暮らす動物と人間のちょっと変わった関係が成り立っているのは、カタヴィの人たちがこれまで野生動物に危害を加えることなく、動物たちと同じ場所をただ共有してきたからだと思う。しかしそれでも、これまでの多くの人間は道路を歩くだけだった。

そんな中、あるときから急に林に入ってくるわ、ずっと後を付いてくるわ、これまでとは違った行動パターンの人間の出現に、お母さんたちは多少驚いていたとは思うが逃げ出しはしなかった。さらには仔たちから数十メートル離れたところに私たちが座っていて、お母さんたちは私たちの存在に気づいていながらも、仔たち、そして私たちを残してどこかへ移動していったときがあった。きっとお母さんたちは私たちの存在を「ライオンとは違って大事な我が子に襲いかかることはなさそうだし、まぁ仔たちの近くにいさせてやってもいいか」と、容認してくれているのだと私は勝手に思っている。いつか私が観察してきた保育園の仔たちが巣立って、そのうちのメスの仔が成長してお母さんとして仔を育てるときに、この場所で仔育てをしてほしいと思う。きっとそのお母さんは、毎日じっと観察しにやってくる人間に対して寛容で、人間の存在を「まぁいいか」と許してくれると思っている。

4章

休　園

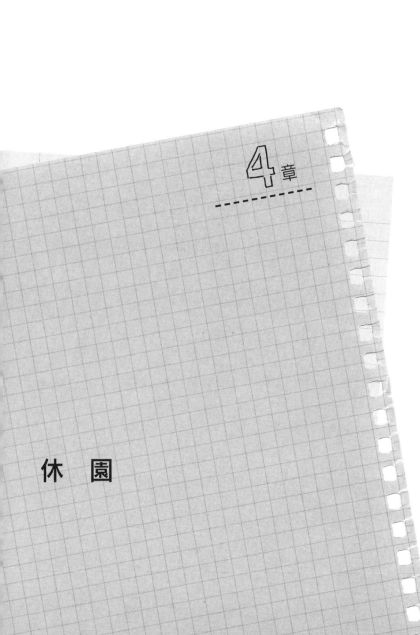

1 キリンだって、座って休みたい

保育園に出会えないとき

私の研究のメインテーマは、キリンの仔育てだ。しかし彼らには、決まった出産季はなく（場所によってはわずかなピークがあるが、基本は通年出産）、調査エリアに仔が産まれているかどうかは行ってみないとわからない。そして研究を進めるうえで、産まれている仔の数は一頭よりも二頭、あるいは三頭いる方がうれしい。母仔関係を調べるうえでは仔が一頭でも問題ないが、それだと保育園の観察にはならない。振り返ってみると、実はこれまでの合計滞在期間二五ヶ月間のうち、保育園は九ヶ月半しか観察できていない。つまり、保育園を観察できなかった期間の方ができた期間よりも長いのだ。それは調査期間の途中で仔が突然いなくなってしまったり、調査期間の終わり頃になってやっと仔が産まれたりするためだ。しかし仔がまだ産まれていないからといって、家でのんびりしているわけにもいかない。そうなると、保育園が観察できないときの研究テーマを何とか絞り出すしかない。

話は二〇一〇年に戻るが、初めてのタンザニア調査のとき、「とりあえずキリンを見て知ることが大事だ」と思い、仔育てだけに限らずいろいろなデータを集めようとしていた。そこでときどき、公園の車に便乗させてもらって、公園内部にある川沿いに広がるアフリカン・サヴァンナ（イクーエリア）も訪れていた。その後研究室での帰国報告会で、事務所周辺のミオンボ林とサヴァンナ、それぞれにおけるキリンに関するデータを発表したとき、ある先生から「その両環境で何かキリンの行動や生態が違う、という印象は持ったか」と質問された。パッと答えが出ず、数ヶ月にわたって観察したキリンたちの様子を思い返すと、ふとある違いに気づいた。ミオンボ林ではキリンが座って休息する行動はほとんど毎日観察されていたのに、サヴァンナでは一度も観察されなかったのだ。深く考えるよう促されて初めて気がついた違いだった。

この気づきは、どうやら意識せずともずっと頭の片隅にあったようだった。それから数年後、林をさんざん歩き回って、本来の目的であった保育園がどうにもこうにも見つからない、と心身ともに疲弊していたとき、「環境が異なれば、キリンの休息行動にも何か違いがありそうだ」という気づきが、ふと頭の中に蘇ってきた。このテーマだと、母仔がいなくてもキリンさえ観察できればデータを集めることができる！

野生のキリンは座らない？

そもそも野生のキリンは、座って休息することが少ないとされる。[1] 座っているときに捕食者に襲われる可能性が高いと考えられるからだ。キリンの最大の捕食者であるライオンが、キリンを襲うとしたらどんなときだろう。おそらくライオンは、警戒心いっぱいの今にも走り出しそうな状態のキリンはわざわざ襲わないだろう。狩りに失敗して、その分エネルギーを消費するからだ。そうするとライオンにとって一番狙いやすい獲物の状態は、警戒心が薄れているときや逃げにくい体勢を取っているときだろう。こういった背景から、キリンは立っているときに比べ座っているときや、首を下げて水を飲んでいるときの方が被食の危険性が高まる。さらにキリンは座るときも座った状態から立つときも、思わずこちらが「よっこらしょ」とアテレコしたくなるくらい、スローモーションになる（この動作が気になった方は、動画検索サイトで「giraffe, sitting down」などと検索すると該当する動画がヒットするはずだ）。さらに、ライオンからは立っているキリンの首元は高すぎてジャンプしても届かないけれど、キリンが座っているときは首元にすぐアプローチできる、といったことも座っている状態で被食の危険性が高まる理由の一つかもしれない。

そうはいっても「野生のキリンが座っている姿はそんなに珍しい印象じゃなかったけどなぁ」と、私は修士課程の観察を終えたときに思っていた。さらに論文によっては、オスは座っている場面が観察されたけれど、メスでは一度も観察されなかったと報告されている。そもそも野生キリンの休息行動における年齢や性の違いといった、基本的な情報もわかっていない。休息行動を調べるためには、キリンにずっと張り付く必要があるのでなかなか根気がいるし、なんといってもとても地味な作業だ。でも、そんな研究スタイルは私の得意とするところである。

赤ちゃんは、休息を何度も繰り返す

「寝る子は育つ」ということわざがある。人間の子供にとって休むことはすくすく成長するために大切で、大人に比べて寝る時間が長いしお昼寝もする。その傾向は、人間だけではなくキリンでも同じなのだろうか。キリンが首をぐるりと曲げて自分の肩の上や地面に頭を置く姿勢を取っていたら、そのキリンは睡眠中だ。しかし、私の調査中におけるその行動の観察回数はたったの六回で、動物園の夜間調査では、その姿勢が見られるのは一晩のうち約一〇分ととても短い。[2] さらにキリンが果たして本当に睡眠状態にあるのかを断定するには脳波を調べる必要がある。野生キリンに脳波測定機器を付けるのはどう考えても無茶だから、私の研究では首を伸ばしたまま座っている状態を休息とすることにした。ちなみにキリンの休息姿勢にはもう一つ、「立ちっぱなし」パターンもあり、私が今回の調査で調べることにした座位での休息よりも立位での休息の方が起こる頻度は高い。立ったまま、あるいは座ったままぼーっとしているキリンを観察していて瞼を閉じている場面は見たことがないので、やはりそれは睡眠ではなく休息なのだろう。

動物園のキリンの夜間休息についての先行研究では、生後三ヶ月の赤ちゃんでは休息の七〇パーセント以上が一〇分以内に終了し、非赤ちゃん（こちらは七個体）と比べると一回の休息時間が短かった。[3] 一方休息頻度については、非赤ちゃんと比べると赤ちゃんの方が高いということもわかっていた。さて、私の観察したキリンはどうだったか。結果は先行研究とは少し異なり、平均休息時間の長さに赤ちゃんと非赤ちゃんとの間で統計的に有意な差は見られなかった（赤ちゃん：二九分、非赤ちゃん：三九分）。[4] 一方平均休息頻度は先行研究と同様に、赤ちゃんの方が非赤ちゃんに比べて頻繁に休息を繰り返していた（赤ちゃん：〇・六二五回／時間、非赤ちゃん：〇・一六六回／時間）[4]。つまり赤ちゃんは非赤ちゃんに比べ、一回の休息時間は変わらないが、休息行動を何度も繰り返していたのだ。なぜ、動物園では見られた赤ちゃんと非赤ちゃん間の平均休息時間の違いが、野生では見られなかったのだろうか。野生と飼育下の大きな違いは捕食者の有無だ。キリンの仔育てはこれまでに何度か登場してきた置き去り型で、捕食者に見つからないようにお母さんが帰ってくるまで仔はじっと茂みに隠れている。そんなとき、動物園の先行研究のキリンのようにぴょこぴょこ立ったり座ったりを繰り返していたら、隠れている意味がない。むしろ捕食者の目に留まりやすくなってしまうかもしれない。そういった理由から野生キリンの赤ちゃんでは、一回の休息時間が動物園の赤ちゃんに比べて長くなったのではないかと考えている。座って休むことは、成長に必要なエネルギーを温存するうえでも大切だ。そのためキリンの赤ちゃんは一度立ち上がって、たとえば少し移動したり、母乳をもらったとしても、またすぐに休息に戻るのではないだろうか。それに身体が大きいほど、立ち上がるのにも座るのにも時間がかかる。身体の小さな赤ちゃんは成獣たちに比べて簡単に素早くその動作ができるので、座っての休息頻度が高かったのかもしれない。

お母さんは休めない

年齢の違いにおける休息行動の特徴はわかったが、性別による違いはあるのだろうか。成獣にもなるとオスは身体が大きく、座る動作に時間がかかり大変そうだ。メスの方がよく休息するのではと思い、成獣のオス・メスにおける休息行動について調べてみると、意外な結果となった。成獣のオス・メス間で一回の休息時間に差はないものの、オスの休息頻度が高かったのだ。[4] 一方、動物園での夜間調査では、メスよりもオスの方が長い休息をより高頻度でおこなうという報告があり、[2] 休息時間についてもまた野生と飼育下で違いが出る結果となった。

今回観察したオスたちは単独オスではなく、メスと一緒の群れにいた。思い出してほしいのだが、そういったオスは繁殖の機会を逃すまいとメスを追いかける。キリンではアフリカゾウで見られるように、より年長のメスが群れの移動のタイミングや方向を決定しているとされる。[5] つまりメスと同じ群れにいるオスは、メスが休息をやめ移動を始めたら、彼女を追いかけるために自身も休息をやめる必要があるのだ。一方先行研究のおこなわれた動物園では、オスは一頭しかおらずしかもメスがすぐ目の届くところにいる。だからオスがメスと休息行動のタイミングを合わせる必要はなく、オス・メス間で一回の休息時間の長さに差が見られたのではないかと考えている。

動物園での先行研究によると、メスは出産前後に休息行動の継続時間が短くなり、またその頻度も減る。出産が目前に迫ると、メスのお腹の中には約八〇キログラムにもなる仔がいるのだ（ウェブ付録写真7）。ゆったり座ることもなかなか難しいだろう。そして仔を産んだと思ったら、ほっとする間もなく授乳をしなければならないし、座っていては授乳ができない。さらに授乳のためにたくさんのエネルギーが必要となり、お母さんはせっせと食べ物を探さなければならない。「座りたくても座っていられない」といったところだろうか。野生でも生後数ヶ月の仔を連れたお母さんたちは、座って休息する姿が一度も確認されなかった。さらに仔は捕食者に最も狙われやすい。我が子を守るためにも、お母さんは座って休息することなく採食をしながら仔の周囲を警戒していたのかもしれない。だからメスと違って授乳をすることも仔を守ることもないオスは、座って休む頻度が高かったのではないだろうか。

お気に入りの休息場所探し

キリンは座って休息することがほとんどないといわれていたため、彼らが休息時にどういった場所を利用するかはわかっていなかった。私の調査エリアでは幸いにもキリンの座る姿は頻繁に観察できるため、休息場所も調査してみようと思い立った。調査エリアの植生は、大きく次の二つに分けることができる。一つ目は樹木が点在している草原（ウェブ付録写真8）で、二つ目はミオンボ林だ。樹木間の距離は草原の方が離れていて、ミオンボ林の方が樹木は密生している。調査エリア全体に占める面積割合は草原の方がわずかに広く、キリンはいつでも好きなときに隣接する両植生を行き来することができる。草原の中には川が走っていて、調査をおこなった乾季の終わりにはさすがに水は流れていなかったが、それでも野生動物がのどを潤すためには十分な水が水たまりとなって残っていた。一方のミオンボ林は川に接しておらず、水場に近い方から植生が草原、ミオンボ林と変化していく。さてキリンは、一体どちらの植生を休息場所としてより頻繁に利用しているのだろう。キリンの一日の行動と利用場所を知ることで、彼らの休息場所を明らかにしようと調査をお

朝方見つけた、川沿いでミモザピグラを一心不乱に食べるキリンたち。
〈動画URL〉https://youtu.be/X3r0KJ3a37I

こなった。

キリンの午前中の過ごし方

調査中、キリンを見つけたら見失うまでずっとその個体、あるいは群れを追いかけ、彼らが何時何分にどこでどんな行動をしていたかをひたすら記録していった。ちなみに、朝七時から遅くても一八時半までしか調査をしていないので、彼らの日中行動だけに着目したことになる。さてデータを分析してみると、肌寒く日射しもまだそれほど強くない七時から一一時の間、キリンは採食に一番時間を費やしていた。[4] その時間帯は草原にいることが多く、乾季にも葉をつけているマメ科ネムノキ亜科に分類されるミモザピグラという、カタヴィでは川沿い以外では見かけることがない植物の葉や花を熱心に食べていた。その植物の根元から枝先まではフックと呼ばれるかぎ状のトゲがびっしりと生えている。[6]「かぎ状のトゲ」がパッと思い浮かばないかもしれないが、野山や学校のグラウンドの草地に分け入ったときに、「ひっつき虫」がズボンにびっしりとくっついた経験を持つ人は多いだろう。あのひっつき虫にもかぎ状のトゲがたくさんあるので、服によく引っかかってなかなか取れないのだ。

キリンが大好きなミモザピグラは最大四メートルほどの高さになるが、カタヴィでは一〜二メートルほどの高さだった。その植物が群生しているところに人間がうっかり入ってしまうと、トゲが服に引っかかるし皮膚に刺さったりしたらとても痛い。しかも一本一本の枝がしっかりしているので、足で踏み固めて道をつくることは容易ではない。だからそのエリアを通過するときは、獣道を見つける必要がある。人間の体重をはるかに上回るキリンやゾウによって踏み慣らされた獣道は、人間一人が通るには十分な隙間があるのでとても助かる。ゾウもミモザピグラが好きなようで、夕暮れ時に川沿いに出てきて、鼻でゴソッと根元からつかんで引きちぎり口に運ぶ光景をよく見かける。キリンを見ていても思うが、あのトゲを意に介せず食べ続ける彼らの皮膚と舌は一体どんな厚さなのだろうか。話がかなりそれてしまったが、キリンたちは午前中草原でミモザピグラや、点在している樹木の葉を熱心に採食する姿がよく観察された。

キリンの昼間の過ごし方

時計の針が一一時を指す頃になると、だんだんと日射しが強くなってくる。それまで採食に専念していたキリンたちの動きが徐々に鈍ってきて、まだ採食を続ける子がいる一方で立ったまま反す

反すうの様子

木陰で反すうをしている成獣メス（LKM）。口をもぐもぐ動かしていると思ったら、口の動きをピタッと止める場面がある。その直後、首上部から下部に向かって何か塊がズズッと移動している様子がみえる（00:11頃）。咀嚼した食べ物の塊が口から胃へと移動しているのだ。その後、今度は首下部から上部に向かって再び食べ物の塊が移動していく様子もみえる（00:17頃）。そしてほっぺたがプクッと膨らんだ直後、再び口を動かし始めた。〈動画URL〉https://youtu.be/1q8pm4cl50Q

うを始める子も出てくる。「反すうって？」という方のために、少し詳しく説明しよう。ウシやキリンは四つの胃を持つ反すう動物だ[7]。反すう動物が摂取した食べ物は、まず反すう胃と呼ばれる第一胃と第二胃に送りこまれる。そこで食べた物が細分化され、発酵分解されるのだ。その過程で、反すう動物は吐き戻しと再咀嚼をおこなう。牧場などでウシが草を食べていないのに、口をずっともぐもぐ動かしている姿を見たことはないだろうか。あのとき反すう、つまり吐き戻しと再咀嚼をおこなっているのだ。キリンの口から首のあたりをじっと観察していると、まず口の動きが止まって「食べ物の塊を飲み込んだな」と思った後、しばらくすると首の下の方からまた塊がズズッと上にのぼってくるのがわかる。そしてその塊が口に到達すると、再び口をもぐもぐ動かし始めるのだ。キリンは「ながら反すう」が得意で、歩いているときや立っているとき、座っているときでも反すうができるのだが、野生では立ったまますることが一番多い。そして反すう時間は数十分から一時間を超えることもある。そうすると立つことに疲れたのか、座り始めることがあるのだ。

キリンの行動と利用場所を調査した結果から、朝方にお腹いっぱいになるまで採食したキリンは、お昼近くになるとまったり反すうをしながら立ったり座ったりすることが多いとわかってきた。ただし、反すうをともなわずに座る場合もあった。そしてその休息場所は、さっきまで採食をしていた草原ではなくミオンボ林だった[4]。

休息場所としてミオンボ林が魅力的な理由

なぜキリンは、草原ではなくミオンボ林で座ることが多いのだろうか。私は、二つの理由を考えている。一つ目は立派な木陰の存在だ。日中の気温がピークを迎える頃になると、キリンは立っていても座っていても上手に木陰を探してその陰に身体を隠す。たとえ草原にいても、小さな木陰の中にあの大きな身体をどうにか入れていることが多い。お昼近くに木陰に入ることが大好きな動物が他にもいる。人間だ。お昼どきに村を歩いていると老若男女問わず、葉がたくさん茂ったマンゴーの木の下のベンチや家の陰で、みんなでおしゃべりを楽しんでいる光景をよく見かける。私も朝方は寒くて日向ぼっこをしながらキリンを観察しているが、お昼近くになると木陰に避難する。乾季の終わりのカタヴィの昼間の気温は三五度近くにもなり、強い直射日光から逃れるためにキリンも人間も木陰に避難したくなるのだ。そうすると樹木、つまり木陰がたくさんあるミオンボ林の方が草原よりも、休息場所をたくさん提供してくれる。もちろん、草原にもポツポツとだが樹木はある。それなら「その陰を利用してもいいじゃないか」と思われるかもしれない。だけど別の事情がある。キリンは、一頭でいるときよりも大勢でいるときの方が座って休むことが多い。なぜかというと休息行動はリラックスできると同時に、捕食者に襲われやすい行動でもあるからだ。大勢でいれば、捕食者が来たときに自分は気づかなくても誰かが気づいてくれるかもしれないので安心できる。そうすると、大きな群れで動いているときに座って休みたいと思っても、草原は樹木数が少ないためにみんなで一つの木陰にぎゅうぎゅう集まることになり、立っているだけで精いっぱい、座るスペースがないこともある。一方のミオンボ林は樹木数が多いので、みんなと近づきすぎず、かつ離れすぎない距離を保ったままそれぞれの木陰で休むことができるだろう。また林の中はその周囲に比べて気温がわずかに低いとされ、おそらくミオンボ林の方が草原に比べて少し涼しいのだろう。私もあまりにキリンが見つからなくて「ちょっと休憩したい！」というときには、大体ミオンボ林の中の大きな木陰で休憩する。涼しくて心地良い風が吹き抜ける、リフレッシュをするのに最適な場所なのだ。

ミオンボ林を休息場所として選ぶ二つ目の理由として考えられるのが、ライオンの狩りの習性である。ライオンは水場で獲物を待ち伏せする習性があり、過去にカタヴィでライオンの分布調査を

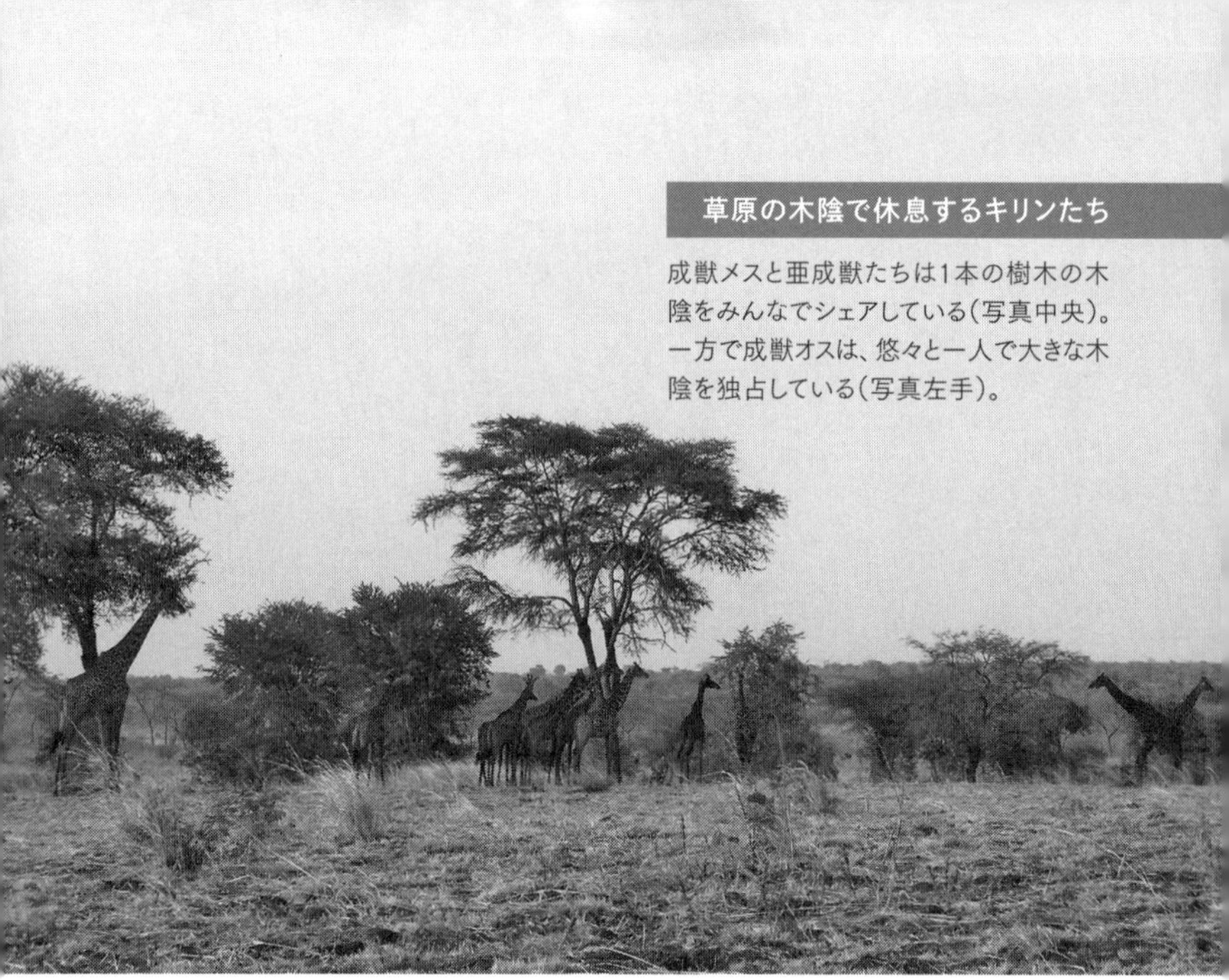

草原の木陰で休息するキリンたち

成獣メスと亜成獣たちは1本の樹木の木陰をみんなでシェアしている(写真中央)。一方で成獣オスは、悠々と一人で大きな木陰を独占している(写真左手)。

した研究者は、ここのライオンは川沿いで見られる頻度が高いと報告している[8]。つまり川に近い草原では、ライオンに襲われる可能性がより高いのかもしれない。そうだとするとキリンにとっては、捕食者が待ち伏せしている可能性の高い水場近くで仲間とぎゅうぎゅうになっているよりは、危険な川から離れそれぞれのスペースでゆったり座ることのできるミオンボ林の方が休息場所として魅力的なのかもしれない。

キリンは一日中草原、あるいはミオンボ林にいることもあるが、利用場所と行動パターンの多くは「朝方の涼しい時間帯に草原で採食し、暑くなってきたらミオンボ林の木陰で休息。そして、日が陰ってきたら草原に戻ってまた採食を始める」[4]というものだった。これまでテレビやネットの情報から、「キリンの生息場所はアフリカン・サヴァンナだ」という印象が、みなさんの中では強かったかもしれない。ただキリンの日々の暮らしには樹木が数多くあるミオンボ林も大切だ、ということを知ってもらえたらと思う。

2 食べ物・食べ方あれこれ

樹木とキリンの攻防

キリンは、さまざまな樹木の葉を食べる。でも一つの樹木を一時間も二時間も食べ続けることはなく、三口くらい食べたら次の木へ移動、なんてこともある。他にもキリンが鼻先数センチまで葉に近づくので、「あ、次はあの葉を食べるんだな」と私は予測するのに、それを食べずにプイッと別の樹木に移るときもある。「何で今あの葉を食べなかったんだ?」とそのたびに私は首を傾げるのだが、「この葉は旬じゃない」とか「見た目と違ってやっぱり美味しくなさそう」といった情報を匂いで判断できたりするのだろうか。

キリンが大好きな食べ物として知られているウァケリア属とセネガリア属（どちらも以前はアカシア

属に分類）の樹木は、世界中の熱帯から亜熱帯地域に分布している。それらの樹木は種類によっては、キリンなどの草食動物に葉などを食べられ始めるとそれを感知して、それ以上自分の大切な身体（葉）が食べられないように苦み成分を持つ化学物質である縮合型タンニンの分泌を始めるという。[9][10]

他にもずいぶんと立派な虫こぶにアリを住まわせている樹木もいる（口絵7ページ右上写真。樹木の白いトゲの根元に、ところどころ黒い虫こぶがある）。草食動物がこの樹木を食べ始めると、アリが虫こぶから出てきて草食動物に襲いかかり、アリにとっての家でもあるその樹木がそれ以上食べられるのを防ぐのだ。そもそもウァケリア属とセネガリア属の樹木の枝には、数センチになることもあるトゲが生えている。それにもかかわらず、食害に対抗するために化学物質やさらにはアリまで動員しているということは、裏を返せば、キリンを含めた草食動物にとっては多少痛い思いをしてでも食べたい、魅力的な食べ物なのかもしれない。食われっぱなしのイメージのある植物が草食動物に対抗するために、あの手この手を駆使して自分の身体を守っている、その戦略を知るのは面白い。

あるときふとキリンは一体どうやって、トゲをものともせず樹木を食べているのか気になった。今まで仔育て行動に夢中でキリンが採食を始めるごとにちょっと気が抜けていたが、彼らの採食行動を少し観察してみることにした。そうするとキリンは枝の先端に近い部分、つまり幹から遠い部分は口に枝を挟んでから先端の方に向かって頭をグイッと動かすことで、葉を一気にむしり取って食べていた。一方枝の幹に近い部分を食べるときは、トゲを避けながらトゲの間にある葉をうまく、少しずつかいつまんで食べていた。

なぜ幹からの距離によって枝葉の食べ方を変えているのか、私が考えている勝手な予想はこうだ。枝の先端はトゲが生えてきたばかりで、それほど固くないからトゲごと一気に食べることができるが、枝の根元の方はトゲが固くなってきていて、かぶりつくにはさすがのキリンでも痛い。だから根元の方はトゲを避けながら葉をちょびちょび食べているのかもしれない。ときどき成獣のキリンでも、口に入れた枝葉を舌でゴロゴロ動かしているときがあるので、トゲが口や舌に刺さらない良い感じの方向を見極めているように思える。仔に至っては、トゲのついた小さな枝を口に入れたはいいものの、「これ痛い。どうしよう」といった感じで、しばらく舌を使って枝と格闘した挙句食べることをあきらめることもあった。キリンが去った後、枝の先と根元のトゲをつんつん触ってみたが、なんとなく先端の方が柔らかい気がする。でも、「じゃあ、口でむしり取ってみろ」と言われたら、先端の方でも絶対口が血まみれになる自信がある。トゲの固さに応じた食べ方の違いをしっかり調べたわけではないので、私の妄想に終わる可能性もあるが、いつか調べてみたいネタでもある。

食べたいのか遊んでいるのか、トゲのついた枝葉を長い舌でしばらくいじっている仔。　〈動画URL〉https://youtu.be/OZTih5PA8h4

それも食べるの?

あまり知られていない、キリンの意外な食べ物を紹介したい。キリンは枝葉以外に、果物や花も食べる。タンザニアにはソーセージツリーと呼ばれるその名の通りソーセージのような果物が実る樹木があるが(ウェブ付録写真9)、キリンはその果物を食べることもある。この果物の直径は平均三〇センチ、さらに大きなときは直径七〇センチほどにもなる。アフリカゾウもこの果実を好んでよく食べるそうだ。話がそれるが南アフリカ共和国にはアマルーラ(Amarula)という甘ったるいお酒があるのだが、そのパッケージにはドドン!と立派なゾウが描かれている。このアマルーラの原料となる果実が実るマルーラの木はカタヴィにもある。レンジャーが「ゾウはこのマルーラの果実が大好きなんだ。たくさん食べて酔っぱらってふらふらになっていることもあるぞ」と言う。確かにゾウのフンの中からマルーラの種はよく出てくるけれど、若干レンジャーが話を盛っている気もする。一方のキリンはというと、彼らのフンを見る限りマルーラの果実は食べていないようだ。

ある日キリンのメスを追跡中、そのメスの奥で成獣オスが前脚を広げ、地面から何か白い物を口にしてそれを持ち上げたのが視界に入った。彼はその白い物を口にくわえたまま通常の立ち姿勢に戻り、しばらくしてからそれをドスッと地面に落とした。そして、その動作を数回繰り返した。あの白い物は何だろう。落としたときの音から推測すると結構重そうだ。双眼鏡を覗くと、彼はそれを食べているのではなく、舌と口を一生懸命動かして舐めているようだった。そのとき、昔読んだ学術書にキリンの骨舐めの話が書いてあったのを思い出した。「もしかして彼は骨を舐めているのではないか」と何か秘密を暴いてしまったようなドキドキした気持ちで双眼鏡を覗き続けた。舐めているのが本当に骨かどうか確かめたいが、双眼鏡から覗くだけでは確信が持てない。そこで彼が立ち去った後その白い物が落とされた場所を見に行くと、やはりそれは骨だった。オスは骨を拾って舐めていたのだ。しかも周囲には、キリンの物と思われる頭骨、下顎などの骨が散乱していた。その骨の主が死んでからかなり日が経っているようで、肉や皮膚は残されていなかった。彼が舐めていた骨もおそらくキリンの物だろう。

キリンは何のために、骨を舐めていたのだろうか。キリンはあの大きな骨格を支えるために多くのカルシウムが必要だが、彼らはそれを主に植物から摂取している。マレーシアでは、オランウータンやマレーバクがナトリウムを始めとするミネラル類を摂取するために、それらが水と混じって地表に流れ出ている塩場《しおば》と呼ばれる場所を訪れ、その水を舐めることが知られている[11]。それと同様に「キリンも骨舐め行動からカルシウムを得ているのではないか」と調べた研究者がいるが、カルシウムやリンは唾液ではそれほど溶けださなかったそうだ。だからキリンの骨舐め行動はちょっと口が寂しくなったからおこなっているのか、ほんの少しでもカルシウムを得るためにおこなっているのか、本当の理由はよくわかっていない。いずれにせよ、二年以上にわたる追跡で私は一度しか観察していないので、骨舐めの頻度はあまり高くはなさそうだ。

ある日、以前骨舐めをしていた個体とは別のオスが、地面から何かを拾って口に含んでいた。「ま

地面に落ちた樹皮を拾ってくわえている亜成獣オス。

た骨舐めかな?」と思って双眼鏡を覗いてみると、口から飛び出ている物体は白色ではなく茶色の板のような物だ。しばらくじっと見ているうちに、それが樹皮だと気づいた。樹皮は黒く変色している部分もあったので、もしかすると野火で焼け、自然に木から剥がれ落ちた物を、彼がたまたま見つけたのかもしれない。彼は地面から樹皮を拾い上げて食べる動作を三回繰り返した後、樹皮をその場に残して去って行った。樹皮を食べるキリンを見たのも骨舐めと同様にたった一回だが、しっかりと記憶に残っている。たった一度の観察例から普遍的な結論を導き出すことは難しいが、彼らの意外な一面を知ることは単純に面白いし、めったに起こらない場面に出くわすのは地道に調査を続けているご褒美のように思えてくる。

そんな食べ方するの?

私はキリンの採食のエキスパートではないのだが、観察していて、「へぇ、そんな食べ方するんだ」と驚いた場面をいくつか紹介しよう。サヴァンナやミオンボ林を歩いていると、ある高さより下は剪定されたかのように、まったく葉のない枝が寂しくぶら下がっている樹木を見かけることが

うーん、食べたい！

キリンの舌が届きそうな範囲の枝には葉が残っていない様子がわかる。それでもキリンは、常にこうやって首と舌を精一杯伸ばして採食しているわけではない。

ある(ウェブ付録写真10)。その木は枯れているわけではなく、一定の高さより上は葉がたくさん残っている。なぜそのような形になったかというと、キリンが精一杯首と舌を伸ばして届く限りのところの葉をすべて舌で巻き取って食べてしまったからだ。その、刈り揃えられたかのようにきれいに一直線になっている線をブラウズライン(Browse line)という。[12] そういった木々を眺めていると人間が生け垣をきれいに刈りこむ姿が連想され、訳すと「食痕線」よりも「刈込線」の方がしっくりくるのは私だけだろうか。アフリカゾウも鼻を伸ばせばかなり高いところまで届くとはいっても、キリンの成獣オスが舌を伸ばして届くところにはさすがにゾウも届かない。ある高さから下はきれいに葉がなくなっている樹木の葉は、きっとキリンにとって首を伸ばしたくなるほど美味しいのだろう。

確かにキリンは高いところにある木の葉を食べるが、常に首と舌を一生懸命伸ばして採食をしているわけではない。特にメスでは成獣でも首を下に傾けて、背の低い灌木や藪を食べることもある。ふさふさと葉が茂っている樹木が周りにあっても、前脚を広げて地面に生えている下草を熱心に食べることもある。さらには座って休んでいるときに横着して(?)首を前に倒して、地面に生えている下草を食べるときもある。こんな食べ方を見ていると「キリンはそんなに首を長くする必要はなかったのでは……」とふと思ってしまう。

背の高い成獣だけができる面白い食べ方がある。人家の屋根の上に積もった樹木の果実や葉を食べるのだ。初めてその光景を見たときは何だかシュールで笑ってしまった。148ページの写真に写っ

座りながら採食するキリン

座ったまま熱心に下草を食べる仔。その隣に座る成獣メスは口をもぐもぐ動かして反すうをしている。

〈動画URL〉https://youtu.be/epgdnl8NNzw

下草の方が美味しい？

大きな成獣オスであっても、周りにたくさんの緑があふれる中、前脚を開いて地面近くの葉を採食することもある。むしろキリンは、肩の高さあたりの葉を採食することが一番多い。ただしメスと同じ群れにいるより高順位のオスだけは違って、彼は首をぐっと伸ばして高いところにある葉を採食することが多い、との報告がある。　〈動画URL〉https://youtu.be/dK2d5utnjEY

屋根の上に落ちた樹木の果物や葉を食べている成獣メス。この食事の最中に家から人間が出てきたら、人間もキリンもびっくりするだろう。

ているメスは人間に慣れている個体だったので彼女だけがするのかと思っていたが、他のメスやオスもするようだ。それにしてもこの写真の家の中にいる人間が、屋根からガサゴソ音がすると思ってドアを開けたとしたら……？ニョキッと伸びたキリンの脚といきなり対面するわけだ。アニメやマンガの中でしか起きなさそうなことが、タンザニアでは本当に起こるから面白い。もちろん当事者だったら「もうたくさんだ！」と言いたくなってしまうかもしれないが。

3 野生の世界

キリンと人間

キリンは憶病だ。人間に慣れていない個体だと、こちらに気づいた途端に逃げだしてしまう。確かにネット上には、キリンが執拗にバイクや車を追いかけている動画もある。我が子を守ろうとして、ライオンに強烈な蹴りを入れるお母さんキリンの映像もある。あのキックをまともに受けたら人間なんて即死だが、幸いにも私はそんな危険に遭遇したことはない。

キリンの調査をするときは彼らのお尻を追いかけるのではなく、キリンが向かっている方向に先回りして、彼らがやってくるのを座って待つのがベストだ。そしてキリンが私たちに近づいてくると、それぞれの個体の人間への慣れ具合がわかってくる。特に成獣メスだと、私たちから二〇メートルほどの距離しか離れていなくても気にせず通っていくこともある。しかし、仔はまだ人間に慣れていない。だからしばらくじーっとこちらを見た後、成獣が通ったルートよりも少し大回りで私たちの横を抜けていく。彼らが十分先まで行ったら、私たちは立ち上がってまた先回りして待つということを繰り返す。ただしこの追跡方法を実践するのは、本当に人間に慣れている個体や群れを、観察しやすい環境で追えているときに限る。

こちらを気にしながらも悠々と歩き去って行くキリンだが、ときどきいぶかしげに寄ってくることがある。ときには一〇メートルほど離れた樹木の陰から、身体を隠しながらも木の枝の隙間からこちらを覗き見していることがあった（ウェブ付録写真11）。覗き見られていることに気づいたときは、ちょっと笑ってしまった。人間に自ら近づいてくる行動は成獣で見られることがほとんどだ。一度は成獣メスが、これまでに私が経験したことがないほど近づいてきたときがあった。彼女はいろんな樹木に立ち寄ってその都度葉を食べながら、でも彼女の大きな目は倒木に腰かけている私たちの方をしっかりと捉えながら近づいてくる。それまでキリンに対して「怖い」という感情を持ったことはなかったが、さすがにこの距離まで近づかれると少し恐怖心がわいてきた。しかし退散するには遅すぎたので、じっとするしかない。私は音を立てないように静かにザックからレーザー距離計を取り出し、私と彼女の間の距離を測定してみた。するとその距離は「七メートル」と表示されていた。近づいてくるキリンに喜びと驚き、そして小さな恐怖心を覚えながらレンジャーとともに身動きせずにいると、彼女は目的の葉を食べ終えたのか私たちを残して去って行った。彼女が逃げることなくゆったりと歩き去って行ったことが、彼女が「この生き物たちは危険な存在ではない」と捉えてくれている証のようで本当にうれしかった。

怖い動物、なんですか？

日本でタンザニアの話をすると「歩いて調査するなんてライオンとか怖くないの？・」とよく聞か

れる。確かに調査を始めた当初は、なんといってもライオンが一番怖かった。林を歩いている間「ライオンがあの茂みに隠れていて飛びかかってきたらどうしようか」とよく想像していた。しかしこれまでの徒歩での調査中、まだ新しいライオンのフンや彼の大きな足跡を見つけることはあっても、幸運なことにその姿を見たことは一度もない。調査開始から時間が経つにつれ、ライオンとの遭遇頻度は低いという実感が強まってきた。レンジャーは「遭遇してもゆっくり後退すれば襲ってこない」と言うし（実際にやったことはないので本当かはわからない）、「そんなにライオンを恐れることはないのかも」と思い始めた頃、ライオンよりも怖い動物が浮上してきた。ちょっと種数が多いが、アフリカゾウとカバ、バッファローだ。彼らはライオンよりも生息数が多いので遭遇する頻度が高いのだが、彼らとのエピソードを一つずつ紹介しよう。

アフリカゾウが採食しているときは、枝をへし折るメキメキといった音がするのでその存在に気づきやすいが、何度も踏みならされている獣道を彼らが一列になって歩いているときは本当に静かだ。ある日、丘の上でレンジャーとともにキリンを探していたとき、眼下にゾウの集団が見えた。調査中にゾウを見つけたら、キリンが近くにいたとしても必ず離れることにしている。「ゾウがいる方角に進むのはやめよう」と判断したとき、いつの間にか別のゾウの集団が私たちの数十メートル後ろにいた。彼らが音を立てずに静かに歩いてきていたため、私たちはその存在にまったく気づいていなかったのだ。ゾウは目は良くないが鼻は利く。私たちが風上にいたため、大嫌いな人間の匂いを感じて彼らはパニックに陥った。騒ぎ出したゾウの鳴き声を聞いて、眼下にいる私たちが先に見つけた集団もザワザワし始めた。必死に逃げ道を探そうとするが、前も後ろもゾウに囲まれている。心臓がこれまでで一番大きな鼓動を立て始めたときに、一緒にいたレンジャーが持っていたタバコに火をつけた。タバコの匂いが風に乗って私たちの背後にいたゾウに届いたとき、彼らは鳴き声を上げながら私たちがいる場所とは反対方向へと走り去って行った。彼らの逃走行動を引き起こしたのがタバコの匂いか、あるいは連想される火なのかはわからずじまいだ。しかし、たまたまタバコを吸うレンジャーだったから助かったものの、タバコを吸わないレンジャーだったらあの後どうなっただろうかと、想像するだけで寒気がする。

カバは、日中は水中にいるから、林でキリンを追いかけているときには出会わないだろうと思っていた。ところがどっこい、そうではなかった。乾季は何ヶ月も雨が降らないのだが、そうすると川の水は徐々に干上がり、残されたわずかな水を求めてたくさんのカバが川に集結する。そして水場に入りきれずあぶれてしまうカバがでてくる。あぶれカバはどうするかというと、林の中の木陰の下にゴロンと身体を横たえるのだ（ウェブ付録写真12）。確かに残り少ない水をめぐって仲間たちと押し合いへし合いするよりは、こっちのほうがゆったりできるし十分涼しそうだ。そんな林の中に横たわっているカバは、遠くからだとつるつるの岩のように見えて気づくのが難しい。林を歩き始めた当初はカバが林のどこかで寝転んでいるなんてことは露知らず、ある日いつものようにキリンを追いかけていた。腰を下ろして双眼鏡でキリンを見ていると、手前に見える小紫色の物体が目に入った。岩のようにも見えるが、やけにテカテカしているしもしかして動いている……？　思わず中腰になった私はその物体がカバだとやっと気づき、慌てて別の場所へと移動した。乾季の終わりに林を歩くときは、一日に二、三頭寝転がっているカバに出くわすこともあり、要注意だ。彼らは好みの寝る場所があるようで、私たちはその場所をしっかり頭に入れておくことが大切だ。そうするとその付近を通るときはカバがいるかどうかを確認して、つるつるの身体が見えたらそーっとその場を去ることができる。

バッファローも人間と比べると大きな動物で（成獣のオスで八五〇キログラムほど）、真っ黒な身体、かぽっとカツラをはめたようなくるんと曲がった二本の鋭い角が特徴だ。彼らは頭を低くし、その鋭い角を相手に突き刺すようにして襲ってくる。ただレンジャーには「彼らは小回りが利かないから、バッファローに襲われたときはそこら辺の大木の後ろに隠れろ」と言われる。バッファローの襲ってくる方向を見極めながら、ひたすら大木の周りをグルグル回れと言うのだ。残念ながら、私はその方法で逃げ切れるのか検証したことはまだない。さて、どんな動物でも仔を連れたお母さんは危険で、バッファローも例外ではない。お母さんは我が子を守ることに必死で、予想外の行動をとることがある。ある日林の中でレンジャーとお昼ご飯を食べていたとき、突然レンジャーが私の後ろのブッシュをじっと凝視し始めた。何がいるのかと思ったら、バッファローの親仔が草をはみながらこちらに向かってくる。お母さんの後を必死で追いかけている仔は、私でも抱えることができそうなほど小さい。私たちはお弁当に夢中で彼らに気づくのが一瞬遅く、今立ち上がったら確実に気づかれてしまう。レンジャーが地面からわずかな土を手に取り、砂時計の砂が落ちるように、空中で少しずつその土を地面に落として風向きを確認し、「私たちが彼らの風下にいるからじっとしていろ」と言う。バッファローもゾウのように目が悪く、私たちとの距離が三〇、二〇メートルと狭まってきたのにまだこちらには気づいていない。私たちはじっと息を殺して、バッファロー親仔の行方を目で追う。彼らは私の目の前にある道路を横切って、反対側の林に行きたいようだ。お母さんはときどき顔を上げて風に乗って運ばれてくる匂いを嗅いでいる。風向きが変わって私たちの匂いが届かないことを願うばかり。そして道路まであと二〇メートルほどの距離まで近づくと、お母さんが意を決したように駆け出した。その後を小さな仔が必死で追う。レンジャーの言う通り、彼らは私たちに気づくことなく私たちの真横わずか一〇メートルほどのところを駆け抜けて、道路の向こうに姿を消していった。

一番恐ろしい動物

二〇一六年まで、出会いたくない危険な動物はその大型草食動物三種だと思っていた。しかしそれを上回る動物がいた。ヘビだ。ある晩、部屋のベッドに寝転がりながら本を読んでいると、床にあるプラスチック製の買い物袋からガサゴソと音が聞こえてきた。その一週間前には屋根からコウモリの赤ちゃんが落ちてきたので、「またコウモリ?」と思っていた。当時の家はソーラーパネルを利用して電気はつくようにしていたものの室内に電球は一つだけ、しかも室内をほのかに明るくしている(かな?)くらいのパワーだった。両眼とも視力〇・三を切る私は調査中眼鏡をかけているが、部屋の中では眼鏡をかけていなかった。買い物袋の方からまたガサゴソ音がする。ベッドから一メートル半ほど離れたところに置かれた買い物袋をトーチで照らしながら、「せっかくセットした蚊帳から抜け出すのは面倒だな」と思い、ベッドから降りるのを躊躇していた。買い物袋を眺めながらどうしようかと悩んでいたとき、パッと頬にわずかな水滴がついた。今は乾季の真っただ中で何ヶ月も雨が降っていないし、天井を見上げてみても何もいない。「変だな」と思いもう一度買い物袋の方に目を向けると、今度は口の中に水滴が入ってきた。その瞬間、「シュー」という音が聞こえ、暗闇の向こうで頭をもたげている黒いヘビの姿が目に入った。全身の血が引くとはあのことだった。頬と口の中についた水滴は、ヘビが飛ばしてきた毒だったのだ。もうすっかり日が暮れていたので、部屋の外にはカバがいるかもしれない。いきなり部屋を出てカバに遭遇して襲われたらそれもたまらんと思い、知り合いのタンザニア人のいる部屋の方向に向かって「部屋にヘビが出たー！」と大声で叫んだ。

その後、ヘビが部屋の入口とは反対の部屋の角に移動したのを確認すると同時にベッドを飛び降り、部屋から出ることに成功した。知り合いにヘビを退治してもらった後、「ヘビは一体どこから侵入したのだろう」と部屋をチェックしていると、入り口のドアの下にわずかな隙間があった。実は以前、ドアと床の隙間がほとんどなくドアを開け閉めするたびにギーギーと嫌な音がしていたので、つい先週ドアの下の部分を少し切ってもらっていたのだ。まさかその隙間からヘビが入ってくるとは、まったく予想していなかった。私は自分で自分を危険にさらしていたのだ。ヘビにしてみれば、タイル張りで暗く静かな部屋で気持ちよく涼んでいたのに、巨大な生き物がその場所を我が物顔でうろうろして肝を冷やしたことだろう。ヘビには申し訳ないことをした。

後でこの話を伊谷先生にすると、「その毒が目に入っていたら失明していたぞ」と言われた。私が口をぽかんと開けていたから、ヘビは大きく開いた口を目と間違えて狙ったのだろうか。ヘビの、毒を標的に向かって飛ばす精度の高さには感心する。おそらく私の目を狙って毒を飛ばしてきたことや体色が黒かったことから、そのヘビはクロクビコブラではないかと思っている。あのとき、すぐに蚊帳を出て買い物袋に手を伸ばしていたら、口を開けていなかったら、いろいろなことを想像すると背筋がゾッとする。それ以来、調査地に着いて家に入るときはいつも、ドアの下、天井、壁、あらゆるところに隙間がないか念入りに確認するようになり、寝るときには枕元に眼鏡を常備している。もう二度とあんな思いは経験したくない。

適度な緊張感

こんなにいろいろな動物との恐ろしい出会いを紹介していると、「そんな危ない目に遭いながら毎日過ごすなんて、フィールドワーカーとはなんて命知らずな生き物なんだ」と思われてしまうかもしれない。でも実際にフィールドワーク中に、動物と危ない出会い方をしたのは数えるほどだ。だから今こうしてパソコンに向かって文章を書くことができている。もちろん、野生動物に対して何の知識も持たない私が一人で林をうろちょろしていたら、一年目の調査ですべて終わっていただろう。いつも隣で冷静に、野生動物と危険な出会い方をしないためにはどういった行動をとるべきか、万が一危険な場面に遭遇したらどう切り抜けるかを教えてくれるレンジャーたちには本当に感謝している。しかし、忘れてはならないことがある。すべての動物から恐れられている動物は私たち人間なのだ。草食動物はもちろん、ヘビやライオンにも、私たちは恐れられている。草食動物などは人間を食べようとこちらに向かってくるのではなく、人間が適切な距離以上に彼らに近づいてしまったとき、動物が自身の身を守るための最終手段として私たちを攻撃するのだ。フィールドワークをおこなうときは、それほど私たちは彼らにとって異質な存在であり、「彼らの世界にお邪魔させてもらっている」という気持ちを忘れてはいけない。そして彼らに対して適度な緊張感を持つことが、再び調査に戻ってくるために大切だと私は感じている。

4 人間の世界の変化

ケチりすぎは辛くなる

長期に及ぶタンザニア調査では、滞在が終わるまでに資金が尽きないかいつも心配になる。カタヴィに一番近い村であるシタリケ村には電気が通っていないので、ATMなどあるはずもない。そもそも都市でATMを使った人から「カードがATMに吸い込まれてそのまま出てこなくなった」という話を何度か聞いたので、ATMを使うこと自体に勇気がいる。そのためいつも滞在中の予算を計算して、その分の紙幣を持ち込むことになる。日本円に比べると現地通貨は貨幣価値が低いので、一万円札が二〇枚以上の現地紙幣になる。毎回数十万円分を持ち込むのだが、現地紙幣に換金するとザックの半分は紙幣で埋まる。大金持ちになった気分だ。

当初は何が安全で何が危険か、危機管理の感覚がつかめず、今思い返すとなんであんな判断をしたのだろうと自分で自分に呆れるような行動もした。それはダルエスからカタヴィへ向かう、初めての長距離バス旅の休憩時のことだった。当時走っていたタンザニアのバスは車内にトイレがないのに、まったくトイレ休憩がない。六時間走ってやっと休憩、しかも「休憩時間は一〇分」とかはよくある話だ。そして女子トイレは乗客が殺到して時間がかかる上に、そこであまりに時間を食ってしまうとバスに置いて行かれることもある（実際、必死にバスを追いかけていた女性を見たことがある）。初めてのバス旅で焦っていた私は「重いザックを持ってトイレに行きたくない」と思い、大胆（?）にも六〇万円近くにもなる現地紙幣が詰め込まれたザックを、座席の下に残してトイレに行ったのだ。一応隣に座っていた女子学生に「お願い、このザック見てて！」とは伝えた。バスに戻ってくるとザックはきちんとそのままあり、少し心配になって中を覗いたが、お札の入った封筒が、詰め込んだときとそのままにぎゅうぎゅう詰めに入っていた。人の良さそうな女子学生だったから頼んだのだが、何もなかったとはいえあの判断は軽率だったなぁ、と反省している。

毎回、数ヶ月間の滞在には十分事足りる額を計算してタンザニアに向かうが、月に数回は残額が気になり、夜な夜な薄暗い部屋の中で札束を数えている。調査開始当初はどれだけお金がかかるか予想できず、常にケチっていた。嗜好品がまったくない田舎の村で唯一のリフレッシュになるソーダを飲みたいけれど我慢をしたり（当時は冷蔵庫がないのでぬるいソーダ）、飲料水は買った方が休む時間が増えるのに、ケチって毎回井戸水を大鍋で煮沸して冷やしてからペットボトルに入れていた（煮沸しないと腸チフスなどの感染症に罹患する恐れがある）。でも滞在を重ねるごとに、日本の生活環境とあまりにも状況が異なる場合、あまりケチらず適度にお金を使う方がストレスなく過ごせるとだんだんわかってきた。だから今は、一週間の調査終わりの金曜には冷えたコーラを飲み、飲料水は買うことにしている。たった一本の冷えたコーラでも、一週間の疲れを十分癒してくれる。他にもこれまでベッドの上でパソコン作業をしていたが、思い切って（それでも一番安い）プラスチック製の机と椅子を買ったので背中の変な痛みから解放された。カタヴィほど日本と生活環境が違う場所に長期で行かれる人はそうそういないと思うが、そんな方にはあまりケチらないことをオススメする。

開発と環境保全

近年タンザニアでは、多くは中国からの支援によって大規模なインフラ整備がいたるところでおこなわれている。タンザニア国内での主な交通手段が車というだけあって、道路舗装工事への投資が多い。私がダルエスとカタヴィを行き来する際にお世話になっているムベヤ―カタヴィ間の道路も、中国の援助によって二〇一六年に舗装が完了した。また、カタヴィ―ムパンダ間の道路も二〇一三年から中国企業による舗装工事が始まり、今ではタンザニアの主要幹線道路の多くが舗装されつつある。

タンザニアは国土に占める国立公園の面積が広大で、幹線道路が公園を突っ切っているところもある。それでも、公園内を舗装された幹線道路が通っているのはタンザニア南東部に位置するミクミ国立公園（Mikumi National Park）のみに留まっている。国内の多くの幹線道路が舗装化されるにつれて、カタヴィでも公園内を走る幹線道路の舗装化が議論され始めている。すでにこれまで、未舗装道路を猛スピードで駆け抜ける車は、多くの動物たちの命を奪ってきた。二〇一七年の滞在中には、絶滅の危機に瀕しているヒョウやリカオンが、夜間走行中の車に轢き殺されてしまった。人間の視力では街灯がない道路は夜間よく見通せず、昼間に比べてより多くの野生動物が犠牲になっているように思う。近年は地方の村でも、お金を貯めて車を買う人が増えているが、まともに自動車学校に通ったことのないドライバーがたくさんいる。カタヴィの近くの町、ムパンダには自動車学校の看板を掲げた施設が一応あるのだが、日本の自動車学校のような運転練習スペースは見当たらないし、果たしてきちんと運営されているのかも謎である。それにタンザニア人にとって何より大事なのは、いかに早く目的地に着くかであって、野生動物、とくに小動物との衝突は二の次だ。そうした事情を知れば知るほど、「道路が舗装されてしまうと運転手はさらにスピードを出すようになり、野生動物との接触事故がさらに増えてしまうのでは」と心配している。

カタヴィと境界を接しているシタリケ村にもついに町から電気が引かれるということで、二〇一六年から木の電柱の設置工事が始まった。人間の方は「電気がやっとくる！ 生活が便利になる」と大喜びしていたが、その裏で野生動物たちが犠牲になっていた。ある日、町からやってきた電力会社の人たちが、たくさんのカバの憩いの場であるカトゥマ川のすぐ脇にも電柱と電線を設置した。その工事が終了して数日後、私が一日の調査を終えて事務所から家に帰るとき、事務所で働く人たちとちょうど帰り道が一緒になった。するとそのうちの一人が、「カバが電線に接触して感電死してしまった。見に行こう」と言う。どういうことか意味がよくわからず彼らに付いて行ってみると、皮膚が真っ黒に変色したカバの成獣が二頭折り重なるように、そしてもう一頭がそこから五メートルほど離れた場所で死んでいた。さらに、死んでしまった成獣のうちの一頭は仔連れだったのか、私が片手で抱きかかえることができそうな小さな仔カバが一頭、成獣たちから少し離れたところで死んでいた（ウェブ付録写真13）。カバたちは、日が陰ってきた夕方に草を求めて川から陸へと出てくる。そしてどういうわけか地面に垂れていた電線に、水で濡れたカバの身体が接触して感電してしまったのだろう。一頭が感電したことでパニックになって他の二頭と仔カバも接触してしまったのだろうか。

タンザニアでは、「ずさんな工事をするなぁ」と思うことはこれまでにもたくさんあったけれど、「電線を地面に垂らしておくなんてありえない」と恐ろしく思った。「人がめったに立ち入らない川沿いの藪の中だし、こんな感じで十分か」とでも思ったのだろうか。野生動物の宝庫のタンザニアといえども、電力会社もカバが生息する川のすぐそばに電線を設置する機会などそうそうないだろう。せめて公園関係者の立会いの下で設置作業をしていれば、カバたちが犠牲にならずに済んだかもしれない。人間の生活の質の向上のために犠牲になる数多くの野生動物の姿を見ていると、人間は一体どこを目指して進んでいるのだろうかと、とても不安になってしまう。

広がる経済格差

タンザニアで調査を開始した二〇一〇年、シタリケ村には水道、電気、ガスといった一切のインフラ設備がなかった。だから井戸への水汲み、夜になったらろうそくやランタンを灯して、木炭で調理をする光景は、村のどの家庭でも当たり前だった。電気がないから村の目抜き通りであっても夜は本当に真っ暗なのだが、そんな環境で育ったタンザニア人はさすがで、トーチを持たずにすいすい歩いていく。一方、電気に溢れた日本で育った私は、トーチなしではとてもじゃないが歩けなかった。そんなよたよた歩きの私でも月が出ている夜だけはトーチなしで歩くことができた。街灯が夜道を照らしてくれている日本では、月光の明るさに気づくことがなかったのだ。

二〇一四年頃から、お金に余裕のある家庭は中国産の安いソーラーパネルを購入し、電気を利用するようになってきた。それから数年後には、プロパンガスを町で買ってきてそれで料理をする家庭も増えてきた。ただし節約のため、長時間豆を煮込んだりするときはこれまでと変わらず木炭を使っている。そして二〇一九年、徐々にではあるが水道や電気が村まで供給されるようになってきた。日本では家を借りたり買ったりするとき、水道や電気、ガス管設備はあるのが当たり前だ。「この部屋には水道管が通っていません」なんて日本で聞いたことがない。しかしタンザニアでは、水道や電気が村まで敷設されてきたからといっても、すべての家に行き届くわけではない。家まで延伸してもらうために、各自が水道会社や電力会社に連絡を取ってお金を支払う必要があるのだ。さらに日本だとすべての使用料金は事後払いだが、タンザニアではすべて事前払い方式だ。使った後で料金を払えないことも十分想定されるので、事前に料金を払った人だけが利用できるシステムになっているのだ。ちなみに電話料金もプリペイド式だ。そしてその金額に応じた使用量に達すると、水道や電気、ネット接続がパッと落ちる。そうするとお金に余裕のない家庭は、そもそも水道や電気を家に引き込むことができず、これまで通り水汲み、ランタン、木炭の生活を続けるのだ。調査開始時の二〇一〇年からこの一〇年ほどで、村内の経済格差がものすごいスピードで拡大してきたと感じている。

就職

修士課程の研究を何とか終えた私は、ようやくキリン研究者としての第一歩を踏み出すことができた。そしてその後もタンザニアに滞在すればするほど、キリンや他の個性豊かなたくさんの動物たち、そしてカタヴィに住む人々の魅力にどんどんハマっていった。タンザニアでのフィールドワークはとても楽しく充実していて、まだまだ続けたいと思ったけれど、修士一年目を終える頃には周りの先輩・同期生が持っている研究に対する熱意や能力が私には足りていないと感じていた。率直に言えば研究に自信が持てず、この世界で生きていく覚悟がなかった。さらに研究の世界は言ってしまえばとても密なコミュニティで、一度外の世界に飛び出していろいろなことを見て学んでみたいと思った。そして修士二年目のタンザニア渡航の前には、来春からの就職先を決めていた。そこでの業務内容はこれまで学んできたこととはまったく無関係ではあったが、会社の案内パンフレットに、私がタンザニアで訪れたことのあったヴィクトリア湖（アフリカ大陸最大の湖で、面積は九州の二倍に若干達しないくらい）でのCSR活動（企業としての社会貢献活動）の様子が掲載されていた。「外資系企業だし、もしかしたらタンザニアに行くチャンスがあるかもしれない！」という安直な考えで入社を決めた。もちろん、「人事の方の雰囲気がとても良かった」という真面目（?）な理由もある。たった三年と五ヶ月の社会人経験だったが、一人で研究をしていたときには経験しえなかったチームでプロジェクトを回すといった経験を積み、立場の異なる相手と方向性をすり合わせていく過程を学び、さらには海外赴任まで経験させてもらった。

しかしそんな目まぐるしい生活の中でも、「キリンの仔たちは元気でいるかな。タンザニアでお世話になった人たちはどうしているかな」と、遠いタンザニアへたびたび想いを馳せていた。そうして今一度博士課程への進学を考え始めた頃には、昔あった「研究なんて私にできるのだろうか」という不安はどこかに消え去っていた。そのとき心にあったのは、フィールドワークの楽しさと、もう一度あの場所で研究に挑戦してみたいという想いだけだった。結局約三年半で会社を辞め復学することになったが、しばらく研究の道から外れたことを回り道だとはまったく思っていないし、そこで得た貴重な経験も今の私を形作っている大切な要素だ。今でも自分自身に対して自信がなくなることはあるが、それでも自分で決めたことなのだから前に進むしかないと思っている。

ニュンジャの努力

カタヴィで出会った人々を見ていると、大人になっても勉強をすることをあきらめず自分でチャンスを引き寄せている人が多いなと思う。四、五〇歳を目前にしたレンジャーやオフィサーでも、仕事の合間に通信制大学に通って勉強をしている人たちがいる。その中でも特に勉強する熱意に満ち溢れていたのは、二〇一九年に調査に付き合ってくれたニュンジャというレンジャーだった。タンザニアでは大家族が当たり前で、長兄の彼には弟と妹が合わせて八人もいた。弟妹たちの学費がかさむこともあり、彼はセカンダリースクール（前期・後期中等教育学校）を中退し、その後レンジャーとして雇用された。しかし彼はレンジャーとして日々忙しく働きながらも、セカンダリースクールを卒業して通信制大学に通うという希望を捨ててはいなかった。毎月実家に仕送りしながらも給料を少しずつ貯め、古本屋で教科書を買い集めていた。私と一緒に毎日林に行くことに慣れてきた頃、彼は教科書とノート、ペンを持ってくるようになった。キリンの観察中には一時間、二時間ずっと同じ場所に座ることもあり、彼はその時間を自分の勉強に充てるようになった。私はレンジャーに身の安全の確保だけをお願いしていて、研究に関するデータ収集はお願いしていない。レンジャーによっては、一度キリンが落ち着くと暇すぎて居眠りを始める人もいたのだが、ニュンジャはひたすら勉強していた。私としても、レンジャーに居眠りされるよりは起きていてくれる方が安心だった。

日本だと学部を出てそのまま修士、博士と進学をする人が大半だと思うが、ニュンジャたちの姿を見ていると、本当に勉強をしたければいくつになってでも可能だということに改めて気づかされる。それにもし気持ちに迷いがあって、私のように一度別の道を選んだとしても、そうすることで以前と比べて気持ちがクリアになって自分が本当は何をしたいのか、はっきりわかることもある。

5章

園生活【友達編】

1 ミルクをめぐる、バトル勃発

動物園からのもらい乳の報告

キリンの仔育てを研究するうえで、母仔の特定は重要だ。血縁解析ができれば確実だが、その分析には時間もコストもかかる。そこで「キリンのお母さんは自分の仔だけに授乳する」という野生キリンの調査報告に基づいて、授乳を確認したらそのペアは迷わず母仔と記録していた。先行研究の中に一例だけ、仔が自分のお母さん以外からミルクをもらった（もらい乳：Allosuckling）という報告があったが[1]、それでも研究者の間では、キリンのお母さんは我が子以外には授乳しないという認識で一致していた。他人の仔に授乳すると聞いて、ギョッとした方もいるかもしれない。しかし「乳母」という言葉もあるように、人間の社会でもお母さんに代わって子供の身の周りの世話をすると同時に、お乳も与える女性がいたのだ。現代日本社会ではあまり一般的ではないかもしれないが、世界には今でも我が子以外にも授乳する人々がいる。

さて、話をキリンに戻そう。「キリンのもらい乳は起こらない」という前提がなんとなく定着しつつあった中、二〇一六年に驚きの論文が発表された。チェコ共和国の研究者が動物園のキリンを観察し、キリンではもらい乳が高頻度で起こることを報告したのだ[2]。それまで私は野生で離乳前の母仔一一ペアを見てきたが、授乳するときに仔が入れ替わっている場面を見たことは一度もなかった。そもそももらい乳という現象が実は多くの野生の哺乳類、たとえばキタゾウアザラシや南米に生息するグアナコというラクダに近い動物で広く見られる、という事実すら私はそれまで知らなかった。「キリンのもらい乳はない」という思いこみに囚われて、今まで見落としてきたのだろうか。それでも私はこれまでの経験や野生での先行研究の報告から、野生のキリンのもらい乳に関しては半信半疑だった。

もらい乳、目撃!

二〇一七年九月からの調査で観察した保育園には、生後二ヶ月と三ヶ月半のオスの仔二頭、その二頭とは姉弟関係ではない生後一四ヶ月になるメスの仔（以下、お姉ちゃん）がいた（すべて調査開始時の月齢）。この仔二頭とお姉ちゃんは、それぞれまだへその緒が付いていたときから観察している。生後数日〜数週間足らずの仔たちを観察していたとき、他には成獣メスがいない状況で一頭の成獣メスが仔のそばを離れず、数日間一緒にいることが確認されていたので、三頭の仔のそれぞれのお母さんは全員特定できていた。

この年の保育園は、これまで見てきた保育園とは異なる点が二つあった。一つ目は、ちょうど離乳期を迎えているお姉ちゃんが保育園に加わっていることだった。二つ目は、一頭の成獣オスが生後二ヶ月の仔のお母さんの後をずっと追いかけていることだった。後になってこの二つの違いが、もらい乳の生起に大きな影響を与えているように考えるようになったのだが、それは後ほど説明しよう。さて、保育園の観察を始めた当初、もらい乳のことなどすっかり忘れていつも通りのデータをせっせと集めていた。そして授乳行動が観察されたら、これもいつものように基礎情報としてどのメスがどの仔に授乳したかを記録していった。やはりこれまで見てきたように、授乳ペアは安定していて変わることがない。「飼育下のキリンとは違って、野生のキリンではもらい乳はないんじゃないか」と思い始めていた頃だった。あるとき、仔の一頭が母乳を飲んでいるとき、後ろからお姉ちゃんが寄ってきて、自分のお母さんではない成獣メス（ややこしいので以下、おばちゃん）のお腹の下に首を伸ばすではないか。しかし、おばちゃんの方はタイミングよく授乳をやめ歩き去って行く。その光景を初めて見たときは、自分の目を疑った。お姉ちゃんが近寄って行ったのはたまたまなのか、もらい乳を狙っていたのかまだ確信が持てなかった。しかし、もしかすると野生のキリンでももらい乳が起こっているのかもしれない。

その後も保育園の観察を続けていると、やはりお姉ちゃんの動きが怪しい。この前見たような光景を何度も目撃するようになった。あるときなど、一頭の仔が母乳を飲み始めると、それまでその仔から三〇メートルほど離れたところで座って休息していたお姉ちゃんが勢いよく立ち上がってその授乳ペアに駆け寄って行った。そしてお姉ちゃんもおばちゃんの下腹に口を持っていく。そのとき「これはやっぱりもらい乳をしようとしている」と私は確信した。おばちゃんの方はせっかく蓄えた母乳を我が子以外にあげるほど寛容ではないらしく、近寄ってくるお姉ちゃんに気づくと同時に授乳をやめて立ち去る。それでもときにはおばちゃんがお姉ちゃんの存在に気づかず、うっかり貴重な母乳を「盗まれる」事件が起こった。

あるとき生後二ヶ月の仔のお母さんが「ミルクの時間だよ」と我が子の元に向かって行った。このお母さんは茶色の模様の中に白いぽちっとした丸い斑点が一ヶ所あり、私は白ぽちと呼んでいた。仔も「ミルクの時間だ！」とわかるのか、白ぽちに近づいて行き母乳を飲みだした。キリンでは授乳中お母さんが首を曲げて、一生懸命母乳を飲んでいる我が子の匂いを嗅ぐ行動がよく見られる。本当に自分の仔か、あるいは健康状態といった情報を匂いで確認しているのだろうか。勢いよく母乳を飲む我が子に対して白ぽちがその行動をしたとき、藪からスッとお姉ちゃんが姿を現した。そしてなんと、白ぽちが首を曲げて視野が狭くなっているのをいいことに、白ぽちの視界の外からお姉ちゃんがお乳を吸い始めたのだ。白ぽちの方は、意外にも自分のお乳を吸う口が二つに増えたことに気づかなかったらしく、しばらくの間お姉ちゃんに貴重なミルクを分けてやる格好になった。しかし我が子の確認をやめ首を上げた瞬間、自分のお乳を吸っているお姉ちゃんの存在に気づいた白ぽちは、猛然とそれを振り払っていた。きっと一番びっくりしたのは、生後二ヶ月の仔だろう。母乳をもらっていたら、急に前からお姉ちゃんが一緒にミルクを飲み始め、最後はお姉ちゃんを振り払うためのお母さんの激しい動きで母乳を飲めなくなってしまった。どのお母さんもお姉ちゃんが近くにいることにいったん気づくと、その後どんなに我が子が母乳をねだっても授乳することはない。仔にとってはとんだ災難だ。

一番初めに母乳を吸っている仔がこの成獣メス(白ぽち)の仔だ。後から近づいてきた少し大きな仔(お姉ちゃん)は別のお母さんの仔で、白ぽちはお姉ちゃんがもらい乳をしていることに気がつくと、前脚を強く踏み込んだり(00:16頃)、後脚で蹴るなどして拒否行動を見せた(00:25頃)。
〈動画URL〉https://youtu.be/U6g64KP8hYg

成獣メス(白ぽち)に近寄って行った2頭の仔のうち、1頭目が白ぽちの仔、2頭目が母仔関係にはない、もらい乳をした仔だ(00:26頃)。最後、白ぽちが授乳をしていることに気がついたK君が寄ってきて、仔に1発首を打ち付けた(00:42頃)。 〈動画URL〉https://youtu.be/axH9xOuO4Do

お姉ちゃんはミルク泥棒？

約一ヶ月半に渡る観察中、母仔間の授乳行動は一五二回観察された。[3] もらい乳に関連した行動は七六回観察され、お姉ちゃんがもらい乳にトライした回数がそのうちの大半を占めていた（六九回）。ただこの七六回、すべてもらい乳が成功したわけではなく成功したのはたったの五回で、四回はお姉ちゃん、一回は生後三ヶ月半の仔だった。他種ではもらい乳が起こる要因として、血縁関係の存在や特定のメスの高い寛容性が指摘されたり、さらにお母さん同士でお互いの仔に母乳を分け与えるなどいろいろな説がある。今回私が観察したもらい乳の成功例で共通していたのは、お母さんが我が子に母乳を与え始めた後に別の仔が授乳に参加することだった。そして我が子以外が授乳中に近づいてきたり、ミルクを飲んでいることに気づくと、おばちゃんは急に歩き出したり後脚でもらい乳をしている仔を蹴る動きをしていた。これらの状況を踏まえると、キリンのもらい乳が起こる要因として、「ミルク泥棒（英語ではそのままmilk theft）」説が最も有力だと考えている。もらい乳を拒否するおばちゃんに気づかれないように、どさくさに紛れてミルクをもらう行動は、まさに「ミルク泥棒」である。

そもそもなぜお姉ちゃんはより幼い二頭の仔に比べて、もらい乳にトライする頻度が高かったのだろうか。理由の一つ目として、お姉ちゃんが離乳期を迎えていたことが考えられる。キリンは生後一年～一年半ほどで離乳を迎えるが、お姉ちゃんはすでに月齢が一四ヶ月になっていた。お姉ちゃんがお母さんに母乳をねだる場面が観察され、お姉ちゃんが一分間に九回も母乳をもらおうとしたが一度も成功しなかった。「もう大きくなったんだから、飲むのやめなさい」という感じで、お母さんが歩き去ってしまうのだ。つまりお姉ちゃんは、自分のお母さんから母乳をもらえなかったためにおばちゃんのところに行っていた可能性がある。理由の二つ目として、幼い仔がいるお母さんの母乳はより「美味しい」可能性がある。哺乳類のミルクは出産直後の方がタンパクや脂肪、糖質含有量が高く、出産から時間が経つにつれその割合がだんだんと減っていく。栄養分の多いミルクの方がきっと美味しいだろう。もしかしたらお姉ちゃんは、この高栄養ミルクを狙っていたのかもしれない。

授乳を邪魔するK君

この保育園が今までの保育園と違ったもう一つの点は、一頭の成獣オスが白ぽちの後をずっと付いてまわっていたことだった。この成獣オスは身体にアルファベットのKのような模様があり、私はK君と呼んでいた。出産から二ヶ月が経ちおそらく白ぽちの発情が戻ってきたのだろう。K君は白ぽちに対してフレーメンを頻繁におこない、交尾も観察された。そしてK君は、白ぽちを他のオスに取られまいとずっとガードしていた。K君は保育園にいた別のお母さんにもときどきフレーメンをしていたが、しばらくすると白ぽちの元に戻っていたことから、他のメスはすでに妊娠していた可能性があった。さて、白ぽちにはまだ幼く母乳に頼っている仔がいた。しばらくK君と白ぽち

白ぽち(左)の後を追いかけている最中のK君(右)。K君の首側面の上部にくずれた「K」のような模様がある(白線で囲んだ部分)。

白ぽちが我が子に授乳を始めた直後、K君が白ぽちの後ろから近づいてきたため、授乳が中断されてしまった（00:11頃）。〈動画URL〉https://youtu.be/wmqwm5iHwRQ

の様子を見ていると、白ぽちが授乳をしようと仔のいる方向に移動すると、白ぽちと仔を結ぶ直線上にK君が大きな身体でドンッと立ち塞がり、白ぽちの行く手を阻むことに気がついた。さらには授乳を開始できたとしても、白ぽちと仔の間にK君が割り込み、授乳を中断させてしまうのだ。

キリンは成獣のオスとメスでは頭頂高は約一メートル半、体重は約四〇〇キログラムも異なり、成獣メスよりさらに小さな仔にとったら成獣オスであるK君は大きくて怖い存在かもしれない。K君が近くにやってくるたびに仔は駆け足で逃げていく。それでも、白ぽちをガードしているK君も採食に気を取られるときがあるし、K君と白ぽちの間に少し距離ができることがある。その瞬間を狙って（いるように私からは見える）、白ぽちは仔の元にサッと近づき授乳させるのだった。授乳をさせたい白ぽちとなぜだか授乳を阻止したいK君。二頭の攻防は一日に何度も繰り返され、私とレンジャーの間でもK君への非難の声が日に日に高まっていった。そんなある日のことである。白ぽちの仔が保育園にいるもう一頭の仔と並んで立っていたとき、どこかでK君をまいてきたのか白ぽちが授乳させようと我が子に近づいてきた。そして白ぽちが授乳を始めてすぐ、さっきまで白ぽちの仔の隣にいたもう一頭の仔が白ぽちにそろそろっと近づき、一緒に白ぽちのミルクを飲み始めたのだ。つまり、もらい乳が起こったのだ。このとき、他人の仔が自分のお乳を吸っていることに白ぽちが気づいていたのかはわからない。それよりも白ぽちはいつもK君に邪魔されて満足に我が子を授乳できないので、もらい乳をされていてもとりあえず我が子に何とか授乳したかったのかもしれない。結局、白ぽちが授乳していることに気がついたK君が寄ってきて、いつものように授乳は邪魔されて終わった。

仔に厳しいのはK君だけ?

なぜK君は、白ぽちの授乳行動を邪魔するのだろうか。まだまだ憶測の域を出ないが、私が考えているのは授乳と妊娠の関係だ。哺乳類には、授乳中でも妊娠可能な種とそうでない種がいる。後者で有名なのはライオンで、ライオンの子殺しはこの授乳と妊娠の関係によって起こるといわれている。ライオンの集団(プライド)にいた成獣オス(ムファカとしよう)に打ち勝ちプライドに新しく入った成獣オス(スサーとしよう)は、プライドのメスに早く自分の仔を産んでもらいたい。しかしメスに幼い仔がいて授乳中の場合、メスの発情は抑えられているため次の仔を妊娠することができない。そして重要なポイントは、メスが授乳している仔の父親はムファカであって、スサーの仔ではない。そこでスサーはムファカの仔を殺すことで、メスの発情を早く回帰させ、次の仔、つまり自分の仔を産ませるのだ。

一方キリンはライオンとは異なり、授乳中でも妊娠可能な種だ。しかしそれでも、仔が母乳に依存しなくなればなるほど発情が戻りやすくなる[4]。つまり私が観察した例では、白ぽちの仔が母乳を飲まなければ飲まないほど、白ぽちがより妊娠しやすくなるのだ。K君としては「他のオスに取られる前に、白ぽちとの交尾を早く成功させたい」と考えるのではないだろうか。だからK君は、白ぽちが仔に母乳を与えないようにしていたのだろうか。K君だけが仔に厳しいオスではないことを証明するためにも、もっとたくさんのオスの観察をする必要がある。みなさんにあまり良くない印象が残ってしまったであろうK君の行動の理由を解き明かすには、もう少し時間が要りそうだ。

野生と飼育の違い

この保育園は、私にたくさんのことを教えてくれた。これまで野生ではもらい乳が一例確認されていたものの、長らく野生でのもらい乳の報告はなく、私も含め多くの研究者は授乳場面を元に母仔かどうかを決めていた。ところが私が観察した保育園の結果から、もらい乳の成功頻度は低い一方で、それでもたった一度の授乳場面を元に母仔と記録するのは危険だと、改めて示すことができた。
もらい乳が起こる条件として、離乳を迎えていたお姉ちゃんの存在が大きな影響を与えていた。もしこのお姉ちゃんがいなければ、「もらい乳は野生ではほぼ起こらない」と結論づけていたかもしれない。他の母仔ペアにとってお姉ちゃんはいつも授乳に割り込んでくる迷惑な存在だったかもしれないが、私にとってお姉ちゃんはキリンの母仔関係について新たに考え直すきっかけをくれた重要な存在だった。

なぜ野生では飼育に比べてもらい乳の生起頻度が低いのだろうか。授乳には、非常に大きなエネルギーが必要になる。そのため、授乳中のお母さんは毎日たくさんの食べ物を得なければならない。動物園などの飼育下ではお母さんは遠くまで食べ物を探しに行く必要がなく、毎日十分な量で質の安定した食べ物を得ることができる。一方の野生では、季節によって食べ物の量や質が大きく変わり、食べ物を探してお母さんが一日中歩きまわることだってあるだろう。おそらく母乳を作り出すために必要なコストは飼育下に比べて野生では高く、そのコストの違いが野生でのもらい乳の生起頻度を低くしているのかもしれない。他に考えられる理由として、環境の違いが挙げられる。動物園などの屋外放飼場は木や下草など、視野を遮る物があまりない一方、カタヴィは木々が密生していて、別のキリンが近くにいても木の陰などに隠れて見えにくいことがある。すると動物園の方が、おばちゃんが授乳を始めたら他の仔が簡単に気づくことができて、結果としてもらい乳にトライする回数が増える可能性がある。

2 キリンのママ友模様

見守り役はだれ？

人間とキリンの保育園にはいろいろと違いがある。たとえば現在の日本の多くの保育園では保育士さんが子供たちの見守り役をしてくれるが、キリンの保育園ではお母さんたちで見守り役を担わなければならない。さらに見守り役のお母さんキリンは昼間ずっと仔たちのそばに付いて、仔を狙ってやってくるライオンを警戒しているわけではない。お母さんは仔たちから少し離れたところをうろうろしながら採食をしている。ときには見守り役がどこにも見当たらないこともある。キリンの保育士さんとしての勤務条件は、それほど厳しくはなさそうだ。

人間だと、お母さん同士で子供たちの見守りをすることになったら、お母さんたちの負担が均等になるように、おそらくは見守り役をローテーションすることになるだろう。「この前は子供たちみんなでまなちゃんのお宅にお邪魔したから、今回はうちね」みたいな感じだ。では、キリンはどうだろうか。果たしてキリンの見守り役はお母さんたちの間で均等なローテーションが組まれているのだろうか。キリンの見守り役交代制度が気になった私は、仔たちの一番近くにいるお母さんの名前を一定間隔で記録することにした。二つの保育園を観察したのだが、結果としてお母さん同士の見守り役の交代制度はまったく成り立っていないことがわかった。[5] あるお母さんは観察時間中の六〇パーセントの割合で仔たちの一番近くにいたが、別のお母さんが仔たちの一番近くにいた割合は一〇パーセントほどだった。なぜこんなにもお母さんたちで見守り役を担う割合が違うのだろうか。

キリンと同様に保育園をつくることもあるハンドウイルカでは、まだ仔育てをしたことがないメスが仔育て経験を積むために、お母さんが近くにいない仔の見守り役を担うことが知られている。[6] 霊長目に分類されるゴールデンライオンタマリンでは、栄養状態のいいお母さんが仔たちの面倒をまとめて見ることがあるそうだ。[7] キリンの場合もお母さんたちで見守り役を担う割合に違いが生じた理由はいろいろと考えられそうだが、そんな中でも私が着目したのは仔の月齢だった。観察した二つの保育園ではともに、一番月齢の若い仔、あるいは身体が一番小さい仔のお母さんが見守り役を担当する割合が最も高かった。[5] キリンの仔育ては置き去り型なのでお母さんが仔のそばに常に一緒にいることはないが、お母さんは授乳のために仔の元に定期的に戻ってくる必要がある。つまり授乳中のお母さんは、仔から離れてあまり遠くまで食べ物を探しに行くことができない。遠くまで行けば行くほど仔の元に帰ってくるのが遅くなってしまうのだ。ただ、一日の授乳回数は仔の成長にともなってどんどん少なくなっていく。すると仔が成長すればするほどお母さんは授乳回数が減るので、多少遠くまで移動したり採食に時間を費やしたりしても大丈夫だ。実際観察していると月齢が一番上の仔のお母さんは、ほとんど見守り役をしなかった。一方まだ幼い仔をもつお母さんは、我が子に頻繁に授乳をする必要があるため（たとえば産まれて一ヶ月以内の仔では大体一時間に一回）、[8] あまり遠くまで行けない。我が子への頻繁な授乳の傍ら、「ついでに見守り役も引き受けるわよ」という感じで、キリンの見守り役の交代制度は成り立っているのではないだろうか。

メスをめぐるオスたちの戦略

キリンは生後一年～一年半を過ぎる頃に離乳を迎える。しかし離乳後もメスの仔はお母さんと一緒に行動することが多い。キリンのメスは成長した後も慣れ親しんだ土地に留まって、お母さんや他のメスから水場や採食場といった、生きていくうえで大切な知識を受け継いでいく[9]。一方、離乳してある程度大きくなったオスの仔はお母さんの元を離れ、バチェラーグループと呼ばれる若オスで構成される群れに入る。その群れにいるオス同士ではネッキングという行動が頻繁におこなわれる。テレビでときどき流れる、キリンのオス同士が身体の側面をお互いにくっつけるようにして立ち、自身の首と頭を相手に向かって打ち付ける行動だ。この行動はメスではほとんど見られないが、一度あるメスがもらい乳（3章第3節「キリンの個性」参照）をねだる別のお母さんの仔に首を打ち付けているのを見たことがある。動物園にはネッキングをよくおこなうメスもいたそうだ。

ネッキングはメスの獲得に繋がる行動で、それを通してオス間の順位が決まる。野生では生後一ヶ月でこの行動が見られたという報告もあるが、まだ華奢な仔のネッキングは成獣オスにしてみれば可愛いものだろう。ややこしいのだがこういった仔対成獣オスなど、体格に大きな差がある相手と首や頭をぶつけ合う行動はスパーリングと呼ばれ、身体の大きな成獣オスが手加減をしている様

ネッキングの様子

ネッキングをする亜成獣のオスたち。ただしまだ若い個体同士で、ネッキングに慣れていないのか、成獣オス同士でおこなうネッキングほどの迫力はない。身体の方向が今回のようにお互いに逆方向の場合もあるが、多くは同じ方向を向いて首と頭を打ち付け合う。

〈動画URL〉https://youtu.be/fhC0y58m4V4

子が見て取れる。立派な成獣オス同士のネッキングは頻繁におこなわれるのかというとそうでもない。すでにネッキングをおこなったことのあるオスとの順位関係は、ネッキングを頻繁におこなわずとも彼らはちゃんと把握しているようだ。ある日、私からすれば十分身体が大きく立派なオスが一頭のメスを追いかけていた。二頭が寄り添って反すうをしているとき、数百メートル離れた場所から身体の色が黒々としていてこれまた大きなオスが、先のオス・メスペアのいる方向に向かってゆったりと歩いて行く様子が見えた。すると先ほどメスを追いかけていたオスは、近づいてくる大きなオスの姿に気がつくと、メスを残して林に逃げ込んでしまった。つまり低順位のオスはより高順位のオスに遭遇したとき、無駄な戦いはせずサッとメスを譲るのだ。

オス間には順位がある一方で縄張りはない。だから発情期のニホンジカのオスで見られるような、自分の縄張りに入ってきたオスを追い出すためにに、侵入オスをしつこく追い回すといった行動はキリンでは見られない。キリンの高順位オスにとっての縄張り(?)はせいぜいお目当てのメスの周囲数十メートルくらいのようで、他のオスが五〇メートルほど離れたところにいたとしてもまったく気にしていないようだ。

オスは成長するにつれてだんだんと体色が濃くなっていく。言い換えると体色がより濃いオスは年齢を重ねていて力も強いために、ネッキングに勝つことが多く順位が高い、と解釈できる。だが、みんながみんな黒みがかった体色になるわけではなく、すごく黒かったり薄茶色だったり年齢を重ねるごとにオスの体色にはバリエーションが生まれてくる。体格の良い、より黒いオスは単独で行動することが増え、発情中のメスを探してあちこち放浪する。そしてそういったメスを見つけるとひたすら後を追いかけて交尾のチャンスをうかがうと同時に、他のオスにメスを奪われないようにガードするのだ。このオスのガードにメスは少し迷惑をこうむっているように見える。というのもオスが「あっちには別のオスがいるから、そっちには行かせない」とばかりにメスの進路妨害をしてくることがよくある。そうするとメスは行きたかった方向に行くことをあきらめて、別方向に移動せざるをえないのだ。

こうして体色の濃い高順位オスがずっとメスをガードしていたら、メスを得ることができないあぶれオスが出てくるだろう。成長しても体色がそれほど黒くならないオスもいるし、そういったオスは一生自分の仔を残せないのだろうか。実際はそんなことはなく、高順位オスと鉢合わせたらメスを譲ってしまう若オスや、十分年齢は重ねているけれど体色が濃くない低順位オスたちは、その状況をただ黙って受け入れているわけではない。高順位オスが放浪&ガード戦略を取るのに対し、低順位オスはメスのいる群れにずっと留まる戦略を取る。そうして、高順位オスがいない間に発情を迎えたメスとの交尾のチャンスを狙うのだ。[10]実際に二〇一七年のデータを振り返ってみよう。年齢不詳だが立派な黒い身体、年齢を重ねたオスに特徴的な骨がゴツゴツと隆起した頭をした、私がバットマンと呼んでいた個体がいた。彼は、私が調査をおこなっているエリアからふらっと姿を消したと思ったら、二四日後にいつも私が見ているメスと一緒の群れで観察されるなど、その行動は神出鬼没だった。一方、青年期を迎えていた生後七歳の、きれいな白地に薄茶色の模様をした三つ玉君は、一週間に最低一回観察されることがほとんどで、特定のメスたちと四日間連続で同じ群れにいる様子も観察された。一口に「成獣オス」といっても、それぞれの年齢や順位に応じた繁殖戦略を編み出しているのだ。

キリンの社会

これまでキリンの社会には、母娘間にだけ強い結び付きがあり、それ以外の個体間には弱い結び付きしかないといわれてきた。[11][12]キリンの社会関係に関する研究では、ある二個体がどれだけ同じ群れにいたか、その頻度の度合いで彼らの結び付きが強いか、弱いかを判断する。つまり、母娘は同じ群れにいる頻度が高く（結び付きが強い）、その母娘ペアに比べて他の個体たちは同じ群れにいる頻度が低い（結び付きが弱い）のだ。キリンはあるときには一人で、またあるときには他個体と一緒にいることがある。そしてキリンのように、個体同士がくっついたり離れたりを繰り返す社会を離合集散型社会という。そしてキリンの群れのメンバー構成は、早ければ数時間で変わってしまうこともある。たとえば朝はAとBという二個体が一緒にいたのに、午後になるとAはCと一緒にいて、Bは一人でいる、といった感じだ。群れのメンバーがコロコロ変わるので、キリンに出会ったら毎回誰と誰が一緒にいたかを記録しておく。そうすることで、後々彼らの社会関係を紐解くことができる。

二〇一〇年代以降、キリンの社会関係に関する研究が数多くおこなわれるようになってきた。そうするとこれまでの結果とは異なり、成獣のメスペア間には結び付きの程度にばらつきがあることがわかってきた。そして結び付きの強い（仲が良い）成獣メスの間には血縁関係があったり、利用する環境（たとえば、食べ物を得る場所）が似通っていることも明らかになってきた[13]。私は保育園の観察を毎日続けていくうちに「この子とあの子はよく一緒にいるな」といったように、彼らの社会関係をつかめるようになってきた。仔が保育園を「卒園」する時期は生後半年を迎えた頃といわれていて、その時期までは数頭のお母さんとその仔たちは一緒に過ごすことが多い。ちなみに一緒にいるといっても、ずっと一緒にいるわけでもない。「今日の保育園にはあの母仔がいないな」と思ったらふらっと次の日に戻ってきたりもする。ただ、核となる母仔が二ペアは存在し、そのペアたちはほとんど毎日一緒にいる。

二〇一一年八月に調査地入りしたとき、すでに母仔三ペアからなる保育園ができていた。この保育園は頻繁に観察できて、母仔三ペアが揃っている場合が大半だった。そしてどのお母さんも、去年から観察していた子たちだ。調査期間の半分を過ぎた頃、ふと疑問に思った。「このお母さんたちって去年からこんなに仲良しだっけ?」さっそく去年のノートを見返してみると、やはりこのお母さんたちは去年一緒の群れで観察されることはほとんどなかった。[14] それまでのキリンの社会関係に関する先行研究では、お母さんと一緒に行動している離乳前の仔は一緒に群れをつくる相手を自分で決めているのではなく、仔はお母さんと一緒にいるために、結果としてお母さんが選んだ相手とも一緒の群れにいる頻度が高くなる、といわれていた。つまり、仔の社会関係はお母さんの社会関係に影響されているだけで、キリンの社会関係を考えるときには仔の存在による影響は除外されるケースが多かった。しかし、私の目の前にある保育園の様子を眺めていると、仔の存在がお母さん同士の関係を変化させているように見える。人間の社会でも、今まで知り合いでなかったお母さん同士が、子供が同じ保育園や幼稚園に入園したことをきっかけにママ友になることがある。つまり、子供の存在が新たな出会いを生み出しているのだ。もしかして、人間と同じようなママ友関係がキリンの社会にもあるのかもしれない。仔の存在を軸にメス同士の社会関係を捉え直すことで、キリンのママ友関係が見えてくるかもしれない。

キリンのママ友

「キリンの社会でも、仔の存在が成獣メス間の社会関係に影響を与えるのではないか」と考えた私は、さっそくその点について調べてみることにした。まず成獣メスペアをそれぞれ、同じ時期に①仔がいなかった、②生後六ヶ月未満の仔がいた、③生後六ヶ月〜一歳半以内の仔がいた、の三グループに分類して、各グループの「親密度」を比較した。指標としたのはアソシエーション指標(Association Index)と呼ばれる値で、ある二個体が同じ群れにいた頻度を表す[15]。ある二個体が観察期間中一度も同じ群れで観察されなかった場合、その値は最小値のゼロをとる。逆に観察期間中、常に同じ群れで観察された場合、その値は最大値の一をとる。簡単にいうと、この指標値が高いほど二個体間の親密度が高いということになる。さて、私が観察してきた成獣メスペアの社会関係を親密度(アソシエーション指標値)で表すと、観察での印象通り、グループ②の生後六ヶ月未満の仔がいる成獣メスペアの値(〇・五〇八)が一番高かった[16](図4)。逆に最も値が低かったのは、グループ①の仔がいなかった成獣メスペア(〇・一〇三)だった。そして、グループ③の生後六ヶ月〜一歳半以内の仔がいた成獣メスペアの値(〇・二四六)は、①と②の間に位置していた。つまり仔がいることでキリンの成獣メス間の親密度が高くなり、さらにその仔が幼ければ幼いほどその度合いが高まることがわかった。そして性・年齢・仔の有無に関係なく、すべてのペアでの親密度を算出したところ、その平均値は〇・一三八だった。つまり、グループ①の仔がいなかった成獣メスペアの親密度

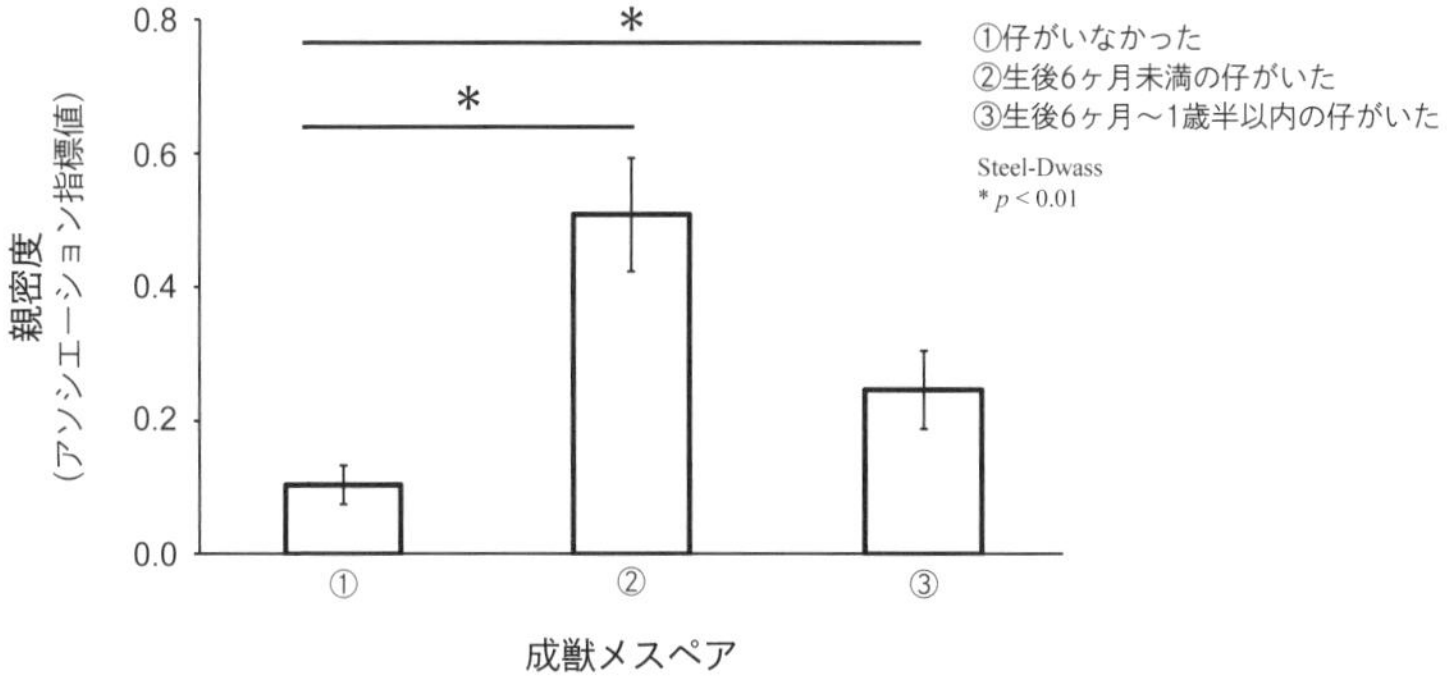

図4　異なる繁殖状態の成獣メスペア間の親密度の比較

縦軸の親密度(アソシエーション指標値)が高ければ高いほど、その成獣メスペアが同じ群れで観察された頻度が高かったことを表す。その度合いは、②生後6ヶ月未満の仔がいた成獣メスペア、③生後6ヶ月〜1歳半以内の仔がいた成獣メスペア、①仔がいなかった成獣メスペア、の順に低くなっている。つまり、同じ群れで観察された頻度は②のペアで最も高く、①のペアで最も低かった。

は仔の有無と月齢で分けた三つのグループの中ではー番親密度が低かったが、その値は観察したペアすべての平均に近く極端に親密度が低いわけでもなかった。仔の成長とともに母仔の移動範囲が広がり、また仔が捕食される危険性が低くなっていくことから、複数の母仔ペアでずっと一緒に保育園をつくる必要性が低くなり、成獣メスペアの親密度はキリン社会全体の平均値にまで段階的に下がっていくのだろう。

　人間のお母さんは、子供の入園をきっかけに初めて会う人ともママ友になる。一方キリンのメスは、成長したのちに見知らぬ土地で一から生活を始めるわけではなく、これまでに慣れ親しんできた環境を利用し続けるといわれる。だからキリンのお母さん同士は保育園を一緒につくる前から、採食場や水場で出会っている可能性がある。あるいは今、保育園で一緒に仔育てをしているお母さん同士が実は昔同じ保育園で育ったとか、実は姉妹だったとか、そういった可能性もないとは言い切れない。そんな関係が隠されていたら面白いし、それを解き明かすチャンスがあることが長期調査の魅力でもある。

3 長い付き合いから見えるもの

仔を失うことによるママ友関係の変化

突然の出来事により保育園を退園するキリンもいる。二〇一六年、私は母仔三ペアからなる保育園を観察していた。お母さんたちが仔を産んだ時期はぴったり同じというわけではなかったのだが、それぞれのお母さんに仔が産まれるとだんだんと一緒に行動するようになった。この過程はこれまでの観察で見てきた、他の成獣メスペアの関係性の変化と一緒だ。しかしその三頭の仔のうち一頭が、生後約二ヶ月のときに忽然と姿を消してしまった。おそらく、ライオンに襲われたのだろう。するとと仔を失ったお母さんは、仔を産んでからいなくなるまでほぼ毎日一緒にいた他の母仔ペアと、同じ保育園で行動することがなくなった。それも、同じ保育園で見られる頻度が徐々に減ったのではなく、仔がいなくなったそのすぐ後からガクンと減った。毎日見続けていた仔がいなくなってしまったことは、私にとってもとても残念で受け入れがたかったけれど、仔の存在は成獣メスペアの社会関係にこれほど大きな影響を与える可能性があることを、この出来事で改めて実感することになった。

仔を失ったお母さんのようす

キリンの仔の被食率が高いことは知識として頭に入ってはいたものの、二〇一六年のこのときまで実際に仔が捕食されたと確信を持ったことはなかった。それまで仔たちが同じ木から採食したり、並んで休息する姿をほぼ毎日観察できていたので、「林に行けば彼らに会える」と私は当然のように思っていた。週が明けた月曜日の朝、いつも通り事務所に行くと、事務所のガレージの管理担当官が声をかけてきた。彼の家は公園内にあるのだが、この週末に家の近くの林でキリンの母仔の姿を見たそうだ。そして土曜日の晩、そのキリンを見た場所付近からライオンの咆哮が何度も聞こえてきたので、「もしかして見かけたキリンが食われたんじゃないか」と言うのだ。その場所は私もよくキリンを観察するエリアで、そこにライオンが現れたというのは嫌な予感がする。本当にライオンがそこで捕食したのであれば、彼らは数日間その場所に留まるだろうから、私が歩いては近づけない。今すぐ駆けつけて何が起こったのか知りたい気持ちはあったが木々が乱立していて車でもアクセスできない場所だったので、レンジャーと相談して別のエリアでいつも通りのキリン観察をおこなうことにした。

事務所を出発して保育園を探すがなかなか見つからないので、ひとまず午前中は母仔以外の個体の観察に切り替えることにした。そしてその日の午後、亜成獣のオスや仔のいないメスたちからなる群れを、見晴らしのいい滑走路の真ん中あたりに座って観察していた。観察を始めて一時間ほど経ったとき、先週まで保育園にいたお母さんが一頭、私のいる場所からはずいぶん遠くの林からふらっと滑走路に出てくるのが見えた。彼女はよく仔たちの見守り役を担っていたのだが、彼女の後ろに続く彼らの姿はない。時刻は一六時を過ぎていて、この時間になるとキリンはだいたい休息を終えて採食に戻る。私が彼女を見つけるまで観察していた群れも、滑走路の脇の林の中で採食をしている。しかしこのお母さんは、私から見て滑走路の右手の林から出てきて滑走路を真っすぐ横に突っ切り左手の林に入ったと思ったら、またしばらくすると滑走路に出てきて今度は滑走路に沿って私たちの座っている場所に向かって歩いてきた。そしてお母さんは、私たちと他のキリンの群れの間も通り過ぎ、さらにしばらく真っすぐ歩き続けてから、また林に入って行った。彼女が最初に滑走路に現れた場所から最後に姿が消えた場所までの距離は約一・五キロメートルであったが、その間彼女は一度も採食や休息をすることはなく、ずっと歩き続けていた。その様子を見ていた私とレンジャーは「きっとこのお母さんの仔がライオンに捕食されてしまったのだ」と半ば確信した。私の目にはその日のお母さんの様子は、まるでいなくなってしまった我が子を探しながら放浪しているかのように映った。その後このお母さんは何度も観察されたが、ついに仔の姿は確認できなかった。

本書の冒頭に登場した、産まれて間もない仔とお母さんである花の子を覚えているだろうか。実は花の子は、今お話ししてきた二〇一六年に仔を亡くしたお母さんでもある。仔を亡くした直後の花の子の姿を見ている分、今度こそ無事に仔が生きのびてほしいと願う。

タンザニア人の子育て

タンザニアとの付き合いも足掛け一一年を迎え、タンザニアの人々と一緒に過ごす時間も増えてきた。するとキリンの仔育てだけではなく、タンザニア人の子育てについてもさまざまなことを知るようになった。タンザニア人の子育てには、親戚といった血の繋がりやコミュニティが深く関係していて、特に地方に行けば行くほどそれらは重要になってくる。

二〇一一年、私がタンザニアのお父さん、お母さんと慕っているムレルワ夫妻には、三人の息子と、当時五歳になる一人娘のエスタがいた。しかし息子たちはみんな、村の外の学校に通うため家を出ていた。お母さん（以下、ママ）は、エスタには男兄弟しかおらず、さらにはそのお兄ちゃんたちですら誰も家にいないことをかわいそうに思って、ママの実のお兄さんの子供でエスタの一歳年上の女の子、シンシアをバスで丸一日以上かかる村からカタヴィまで呼び寄せ、一緒に暮らすことにした。エスタは年の近いお姉さんができて、どこへ行くにもいつもシンシアと一緒だった。そんなエスタの楽しそうな姿を見るのがママの喜びだったのだろう。さらにシンシアは、それまでは家庭の事情で学校に行かせてもらえていなかったのだが、カタヴィに来てからはムレルワさんのサポ陰からカバが現れてくるのかと心臓がバクバクしていた。私はペットを飼っていないので、日本の生活では大型の動物種としては人間にしか出会わない。まるで、人間だけの世界に生きているような錯覚さえする。それでも、物陰から出てくるカバの姿を想像したり、「キリンの仔たちはどうしているかな」とタンザニアへ想いを馳せる瞬間、たくさんの動物の存在をすぐ隣に感じながら生きていた感覚が蘇ってくる。

タンザニアでは朝、家を出発してから事務所まで向かう道中、キリンを探し回る調査中、事務所から家への帰路、いつも私は土を踏みしめて歩いている。土と接しないのは家の中くらいだ。ところが日本では、家から最寄り駅に向かうまでの道のり、電車の中、駅から大学までの道、大学構内、研究室内、足裏に土を感じるときがまったくない。一体、いつ最後に土を踏んだかも思い出せないほどだ。そのことに気がつくとなんだか土が恋しくなって、通勤時にわざわざ公園の中を通って土を踏みしめてから駅に向かったりする。ただしカタヴィでは、強い風で家の中がすぐに土埃だらけになるし、車でサファリに行けば土埃で髪の毛がギシギシになるので、土がいたるところにあることもそれはそれでちょっと大変だ。

Column 2

二つの世界をワープ

日本とタンザニア、その生活環境が大きく異なる環境を行き来していると、ときどき今まで気づかなかったことに突然意識が及んだり、日本にいるのにタンザニアにワープしたような感覚になることがある。

初めてのタンザニア調査を終え日本に帰ってきたその日に気づいたことは、日本の夜はとても明るいということだった。夜遅くに関西国際空港から家まで帰る車内、高速道路上から見える街並みや工場、そのすべてに煌々と電灯が灯って周りを明るく照らしていた。電気が通っていることは、安全だし便利だ。十分明るい電灯が私の部屋にあれば、部屋に潜んでいたヘビの存在にももっと早く気づいたかもしれない。電気が通っていないシタリケ村では、せっかくのコーラもぬるくておいしさが半減する。でも電気のない夜があったおかげで、月明かりがあんなに明るいこと、星が明るく輝いていることを知った。毎晩歯磨きをしながら、窓の向こうに見える月と星のきらめきを眺めていた贅沢な経験は、日本ではできないだろう。

街灯に照らされた日本の夜道を一人で歩いているとき、通り道にある家のブロック塀の陰からカバがヌッと出てくる姿をふと想像することがある。タンザニアにいた頃は、家に帰るのがちょっと遅くなって周囲が薄暗くなってきただけでも、いつどこの物ートにより学校に通い始めた。タンザニアではこんな風に、自分の子供を遠く離れた親戚や顔見知りの家に預けることは珍しくなく、受け入れる方はその子と自分の子供を分け隔てなく接する。ムレルワ夫妻のシンシアに対する態度は、実の娘であるエスタに対するそれと本当に同じだった。なので当初タンザニア人の顔見分けがつかなかった私は、背丈も同じくらいで、教会に行くときはカラフルなアフリカ布で仕立て上げたお揃いのドレスを着せてもらっていたシンシアとエスタを双子だ、と思い込んでいた。

タンザニアの子育てにおける親戚やコミュニティの重要性をさらによく理解することになったのは二〇一九年、ムレルワ家の空いている部屋を間借りして、キリンを追いかけている時間以外は、朝から晩までママや子供達と一緒に過ごすようになってからだった。そのとき、シンシアとエスタは

ムレルワさん一家との記念撮影(2011年)

筆者の膝の上に乗っているのがシンシア。ママの前にいる女の子がエスタ。今では彼女たちも大きくなって、私はまるで親戚の子どもたちの成長を見守る気分でいる。

すでに中学校の寮に入っていたので家にはおらず、代わりに家にいた子供は、エスタの弟のジャクソン（七歳）とナサニエル（ナーサ、四歳）、そしてまたママがお兄さんの家から呼び寄せていた二〇歳前後のジェニファー（シンシアの血の繋がった姉）だった。そうした環境で生活を始めてしばらくすると、夜、外に通じる門の戸締りを終えた家の敷地内に、子供たちの友達なのだろうか、私の知らない女の子たちが毎晩残っていることに気づいた。彼女たちは、八、九歳ほどで、名をエスタ（同じ名前だが先のエスタとは異なる）とアンナといった。その子たちはシタリケ村に実家（それぞれ別）があるにもかかわらず、ほぼ毎晩ムレルワ家で寝泊まりをしていた。シンシアやジェニファーと違って、親戚というわけでもない。「一体どういう事だろう。彼女たちのお母さんたちは心配していないのだろうか」と事情のよくわからない私がママに尋ねると、「ムレルワ家ではお腹いっぱいご飯を食べることができて、ベッドもあって居心地が良いから、彼女たちはここにいたがる」のだそうだ。ママは、子供が何人増えようともまったく気にしている様子はない。そしてジャクソンやナーサより年上の子供がいることで、まだ幼い二人の子守をしてもらえるから楽なんだそう。ちなみにムレルワさんは国立公園のドライバーとして雇われているため、所得は村の中では中の上に位置する。村の子供たちはどこでご飯をしっかり食べることができるのか、ちゃんと知っているのだ。そして彼女たちの実家では、両親が育児放棄をしたわけではないのだが、「ムレルワさんのところにいるのね。じゃあ焼きレンガ作りをするときとか、人手のいるときにまた帰ってきて」というくらい、子供たちをあっさり送り出すのだ。「大人数で少ない食べ物を分け合うより、ちゃんと食べさせてくれる場所があるならそこで食べさせてもらうのが一番だ」ということなのだろうか。

タンザニア人の子育てを見ていると、本当に大丈夫か⁉ と思ってしまうこともときどきある。たとえばムレルワ家の末っ子、四歳のナーサが包丁で遊んでいるとき、私は横でハラハラしながら見ていたが、ママは「ついこの間も同じようにナイフで遊んで、ケガをして血が出たのにまだ懲りないのね」といった感じで無理に取り上げることはしない。さらにナーサが友達と、どこかママの目の届かないところへ遊びに行っても、ママは気にしない。そして空がいよいよオレンジ色に染まってきて空気がひんやりとしてきた時間にナーサが家に戻ってきていないと、ママはやっと腰を上げて我が子を探しに行くのだ。ここはフェンスのない、大型野生動物が生息する国立公園に隣接した村。ママは、大切な息子が車やバイクと接触することや、誘拐されることを心配しているのではない。夜になると村のそこら中に生えている草を食みにやってくるカバと、小さな我が子が鉢合わせしてしまうことを一番心配しているのだ。

目の前で繰り広げられるタンザニア式子育てを見ていると、日本のそれのイメージとは大きくかけ離れ、むしろ他のママに我が子をぽーんと預けていくキリンの仔育てに近い印象を抱いてしまう。しかしそれは決して放任なのではなく、たとえばナーサが家でナイフを使って遊んでいても、本当に危ないときや、ケガをしたときにはママだけでなくジェニファーを筆頭としたお姉さんたちが即座に助けてくれる。そしてナーサが外に遊びに行っても、彼の移動範囲内では村の他のママたちや年長の子供たちが「あの子は、ムレルワ家の子だ」とちゃんとわかっている。子供を見守る家族やコミュニティのたくさんの目、という強力な後ろ盾があってこそ、タンザニアのママの「子供であっても、その子の好きなことを自由にさせる」という姿勢が生まれたのかもしれない。

ある水曜日のお昼、ママから「今日は夜いないからね。何か問題が起こったらジェニファーに言って」と言われた。実はママはキリスト教の一宗派を信仰しているのだが、無宗教と言ってもいい私の目から見ると彼女はとても信心深い。その宗派では、毎週水曜日に女の人たちによる一晩中祈りを捧げる集まりがあり、今晩それに参加するというのだ。私はびっくりして思わず「子供たちはどうするの」と尋ねると、「ジェニファーとアンナたちがいるから大丈夫」とあっけらかんと答えるママ。実際、二〇一九年の滞在中、ママが教会でのお祈りのために一晩家にいないことが何度もあったが、そのたびに家にいるお姉さんたちがちゃんと幼い子供達の面倒を見ていた。もしかするとタンザニア人の子育ては、キリンの仔育てすら超越してしまっているかもしれない。キリンのお母さんは、日中はそうでなくても捕食者の活動レベルの上がる夕方から明け方は我が子と一緒にいるのだから。

ムレルワ家の話だけを紹介してきたが、こういった話はタンザニアのどこででも聞くことができる。二〇一九年に調査に同行してくれたレンジャー、ニュンジャの家には、ニュンジャの妹の娘であるネーマが居候していて、学校に通わせてもらっていた。さらに、ニュンジャの家から小さな畑を挟んだだけのところにある向かいの家の、ブルという女の子もちゃっかり居候していた。ニュンジャの家にいる理由をブルに尋ねると、返ってきた答えはやっぱり「ニュンジャの家の方がご飯がたっぷりあるし、広々と寝られるから。それにネーマといるのが楽しいから」だった。もちろんニュンジャも奥さんも、ブルがいることをまったく気にしていなかった。そして寝泊りまでしなくても、ご飯時にだけ子供や若者、さらにはおじちゃんの数まで多くなるのも、タンザニアあるあるだ。そもそも私もムレルワさん一家に、寝食の面でかなりお世話になっている。そんなどこからともなくわらわらと現れた村人、さらには日本人までを「カリブ！（いらっしゃい！）」と言って、いつも暖かく迎えるムレルワさん一家、そしてタンザニア人の懐の深さに私は驚かされてばかりだ。そんなわけで、みなさんがタンザニアで家庭訪問をしたとき、その場にいる全員が一家族だと思ってはいけない。きっと、長期滞在している親戚や、食事をもらおうと潜り込んできたご近所さんたちがいることだろう。日本人にとってはプライベートな空間である家は、タンザニアでは誰に対してもいつでもオープンな場所なのかもしれない。

こうしてキリン調査の傍ら、タンザニアのママたちの子育てを見ていると、何人もの子供を育て上げた貫禄に満ち溢れたママはもちろん、どんなに若くて新米のママでも子育てに対する余裕をなんとなく感じる。彼女たちからは子育てに対するプレッシャーや不安というものがほとんど伝わってこず、子育てに対して一様にゆったりと構えている。そんな雰囲気が生まれるのは、ママ一人が子育てに関する一切合切に全責任を担っているわけではなく、性別、年齢、家族かどうかにかかわらず社会のみんなで子供たちを見守っているからなのではないだろうか。その根底には、「どんな子供も可愛く、宝物」という極めてシンプルな意識が、社会全体にあるように思える。

6章

保育環境

1 保育園の場所

お気に入りの仔育て場所

人間のお母さんが子供を通わせる保育園を探すときに気にかける要件の一つに、保育園の所在地が挙げられるだろう。家や職場に近い方が、保育園への送り迎えに時間がかからず都合が良い。そして一度保育園が決まってしまえば、家の引っ越しでもしない限り卒園までその園に通うのが普通だろう。「今日はこっちの保育園、明日はあっちの保育園に通う」なんて聞いたことがない。そこら辺の保育園選択事情は、キリンではどうなっているのだろうか?

二〇一六年までに母仔（赤ちゃん）五ペアを観察してきて、お母さんたちが仔育てをする場所が、大体いつも同じ場所だと感じ始めていた。その場所というのは公園事務所を出たところにある幹線道路を横切り、一〇分ほどまっすぐ進んだところにある公園関係者の住居の裏手に広がるミオンボ林だ。住居で生活する子供たちの声が時折聞こえてくるような環境で、キリンのお母さんたちは仔育てをしていた。二〇一六年に母仔二ペアを一ヶ月半にわたって観察していたとき、調査に出た日のうち彼らを発見できなかったのはたった一日だった。一体どうやってGPS発信器を付けていない大型野生動物を何日も連続で追うことができたのかというと、毎朝その住居裏を確認する作業から始めていたのだ。すると、探し始めて五分後には保育園が見つかることがよくあった。昼に近づくにつれ、朝発見した場所から徐々に一、二キロメートルほど離れた場所まで移動することはあったが、それでも調査を終える一八時頃には住居裏に戻っていることが多かった。そして翌朝、また住居裏から探索してみると「やっぱりここにいた」という感じで保育園を見つけることができたのだ。

人間の目は夜間よく見えない一方、キリンだけではなく人間にとっても脅威であるライオンは夕方から明け方にかけて活発に活動するため、私も他の研究者も夜通しずっとキリンを観察したことはない。つまりキリンの保育園の夜の状態について、たとえば人間の保育園みたいに、夜間閉まるのかどうかなど、わかっていないことがたくさんあるのだ。ただ私は保育園の観察を通じて、夕方保育園メンバーと別れた場所と翌朝そのメンバーに会う場所がそれほど離れていないことから、多少の移動はあったとしても彼らが安全だと判断する場所にみんなで一晩中留まっているのではないかと考えている。キリンのお母さんもいくら目がいいからといって、捕食されやすい我が子を連れて夜間に林の中をあまりうろうろと歩き回りたくはないだろう。それに夜間は一緒にいる仲間がいればいるほど心強いだろう。野生動物は人間の存在を嫌がって、人間の気配を感じない場所を好むのではないかと私は思っていたので、キリンの母仔や保育園が人家の近くで頻繁に観察されたことは興味深かった。ただしそれはここの人間たちが住居から離れて林に入ることはなく、野生動物に危害を加えない存在だからかもしれない。

人間を観察する野生動物

野生動物はどのようなところで仔育てをするのだろう？　場所選びで一番大切なことは、捕食されにくい場所であるかどうかだろう。あのライオンの仔でさえ、出生直後はハイエナや他のライオンに襲われて殺される可能性が高い。だからライオンのお母さんは、仔が隠れやすい岩山や木の陰を転々としながら仔育てをする。

タンザニア北部で、キリンの仔たちが利用する環境について調べた研究がある。[1]それによるとキリンの仔が、村や町といった人間が密集して畑が広がっているような場所で発見される頻度は低い。一方で、伝統的な生活を送るマサイの人々の住居であるボマ周辺では、キリンの仔の発見頻度が高くなる。マサイの人々とは、遊牧生活を送っている牧畜民だ。そしてボマとは、まず内部に彼らにとっての財産である牛用の囲い、その外側に牛糞と泥を混ぜて作った人間の居住用の小屋、さらにその外側に敵除けのための柵がある構造をいう。[2]そのボマにも村や町と同じ「人間」が住んでいるのに、なぜキリンの仔はボマ周辺で発見されやすいのだろうか。マサイの人々は基本的に野生動物の狩猟はおこなわないが、家畜を襲うこともあるライオンだけは殺すことがある。するとライオンの方でもマサイの人々を警戒し、ボマ周辺にあまり寄り付かなくなる。そうするとキリンの仔にとってボマは、ライオンという最大の捕食者が少ない避難所のような存在になりうるのだろう。一方で村や町の周辺には食べ物が少なく密猟の危険もあるため、キリンの仔の発見頻度がボマ周辺に比べて低かったのでは、とその研究では結論づけられている。

つまり私がカタヴィで観察したように、キリンの保育園が住居裏から数百メートルのところでよく発見されたのは、カタヴィでも人間を恐れたライオンが住居裏に頻繁に現れることがないからかもしれない。また草原に生息するライオンの狩りは、月の出ない日に成功しやすい[3]。しかしカタヴィの住居周辺では、住居から漏れ出した光がわずかに林に入ってくる。とくに公園内の観光客用の宿泊施設では、今では一晩中ソーラー発電による明かりが周囲を照らしている。その施設周辺では、夜になるとインパラの集団がやってきて、みんなで横になって休んでいたりする。もしかすると野生動物にとって人間の存在は一様ではなく、彼らもちゃんと私たちを観察して、それぞれの人間、そしてその人間の生活圏が自分たちにとって安全か危険かを判断しているのかもしれない。

採食・仔育て、どっちも大切

人間の世界では保育園のお迎えの時間が迫ってきた夕刻時、お母さん、お父さんは駅から猛ダッシュ、あるいは車や自転車をかっ飛ばして我が子を迎えに行く。キリンの保育園には門限らしき門限はないのだが、それでもキリンのお母さんは、特に我が子を一人どこかに残してきたときなんかは、保育園の門限が迫った人間の保護者並みに我が子の元に急ぐ。

ある日の朝方、川沿いの草原で生後一四ヶ月の仔のお母さんが、一心不乱にミモザピグラを食べているところに出くわした。周りを見渡しても仔の姿が見当たらず、ひとまずお母さんの様子を観察することにした。お母さんがミモザピグラを食べ続けて二四分後、お腹いっぱいになったのか彼女は草原を後にして私たちのいるミオンボ林に向かってきた。いつも仔がいる住居裏は、そこからさらに一キロメートルほど離れたところだ。お母さんが歩いていく方角から、「彼女は住居裏に仔を残してきて今仔の元に戻ろうとしているのではないか」となんとなく推測した。お母さんはミオンボ林を歩きながら途中で採食をすることなく、どんどん前へ前へと歩いていく。彼女は走っているわけではないのに、そのスピードに私たちは付いていくことができない。ついに私たちは追跡をあきらめ、川沿いに他のキリンがいないか見回ることにした。

結局その後川沿いにお母さんが戻ってくることはなく、他のキリンも見つからなかったので、住居裏に行ってみることにした。すると住居裏から数百メートル離れたところで、先ほどのお母さんが仔と一緒にいるところに出くわした。草原でお母さんが一心不乱に採食し、その後わき目も振らずミオンボ林に入って行ったのは、短期集中で食事をした後に、仔が待っている場所にいち早く帰ろうとしていたからではないかと思えてくる。このお母さんの行動を見て以来ますます、キリンにとって川沿いの草原は仔を連れて行きたくない危険な場所である一方、住居裏のミオンボ林は安全な仔育て場所なのだろうと思わずにいられない。

野生動物と人間の近すぎる距離

しかしこれまで紹介してきたように、人間の存在が野生動物にとって避難所のような場所になるケースは珍しく、むしろ多くの場合、人間の存在は彼らにとって脅威であることを忘れないでおくべきだろう。野生動物と人間の距離は近すぎてはいけない。たとえば野生動物が公園の中と外を自由に行き来できるタンザニアのような環境では、野生動物と家畜である牛の接触が起こりえる。牛は、同じ鯨偶蹄目であるバッファローやキリンなどにも感染する可能性のある口蹄疫や牛疫といった、ウイルス性感染症に罹患している可能性がある。また放牧中の人間は犬を連れていることが多く、その犬がイヌジステンパーに感染している場合もある。一九九四年には、タンザニアのセレンゲティ国立公園と、隣接するケニア共和国のマサイ・マラ国立保護区（Maasai Mara National Reserve）で、ライオンにおけるイヌジステンパーの大流行が起こり、両園合わせてその生息数の約三〇パーセントが死亡したとされる[4]。

さらに、野生動物と人間の距離が近いと、人間に被害が及ぶこともある。公園の境界近くで放牧されていた家畜をライオンが襲うケースは、カタヴィ滞在中に何度も聞いていた。野生動物を狩ることができなくなった老齢ライオンにとって、動きが遅く、集団で暮らす家畜は格好の獲物だ。そして時としてライオンは、家畜だけでなく人間をも襲うことがある。二〇一九年の調査中、シタリケ村の診療所を訪れたときだった。診療所の先生が、「昨日ライオンに襲われた女の子が今隣の部屋で寝ているんだ」と言い出した。「え、ライオン⁉」とびっくりして話を聞くと、その女の子は他の子供たちと連れ立って村から離れたところにある畑に行き、暗くなったから家に帰ろうとみんなで歩いていたところを、後ろからライオンに襲われたそうだ。幸いにもライオンは一頭で、子供たちの悲鳴に気づいた大人たちが追い返し、女の子は臀部から大腿部にかけて深い傷を負ったものの命は助かった。カタヴィでは二〇一六年にも、家の中にまで入ってきたライオンに父子が殺されるという、痛ましい事件が起こっている。野生動物と人間の距離が近すぎるために、日本にいては想像もできない悲しい事件がここでは起こっているのだ。

2 守りたい保育園の未来

仔育て場所がなくなった

タンザニアでのキリン調査を開始してから今に至るまで、就職や博士論文執筆のために一年から数年カタヴィを訪れていない期間があった。そうした期間を経て再びカタヴィに帰ると、毎回環境が大きく変わっていた。たとえばすでに説明したように、カタヴィから近くの町まで繋がる道路が舗装されたこと、町から電線が敷設されたことだ。ただしそれらはすべて公園の外で起きた変化だ。しかし、変化は公園の外だけでなく中でも起こっていた。そしてそれらの変化の多くは、悲しいものだった。私が一番ショックを受けた変化は、私が日本で博士論文と格闘していた二〇一八年に起こった。その年の九月、二週間だけタンザニアに戻る機会を得て、久しぶりの調査地訪問にワクワクしながら、まずは保育園が発見されることが多かった住居裏を目指した。その場所は、これまでキリンの仔たちが座って休むことが多く、周りには大木が気持ちの良い木陰をつくっていた場所だった。

しかし私が目にした光景は拡大された人間の居住エリアで、立派な大木が無残にも切り倒されて転がっていた。すでに数棟が建設されていたが、その一棟一棟の間隔がやたらと広い。人口が集中しているタンザニアのダルエスなどの大都市だと、ありえない間隔の取り方だ。建築中の住居からは、まだ内装を終えていないのか工事の人たちの声が聞こえてくる。前々から「国立公園のスタッフは公園内に住むべきだ」との声が公園スタッフから上がっていることは耳にしていて、実際にそうしている公園もあるようだ。しかしそうした公園はルアハのように近くの村や町から事務所があまりにも遠い場合で、カタヴィは事務所を出たら徒歩一〇分で村の食堂に着くし、何でも揃う町にも今では車で三〇分ほどで着く。すでに村や町に家を建てたスタッフも多いのに、なぜ今更公園内に住居を新設する必要があるのか、いろいろな想いが駆けめぐり言葉が出なかった。そしてもちろんその家々を建てる前に、環境アセスメントはおこなっていなかった。確かにスタッフにとっては、公園が建ててくれる家だから建築費用がかからず、かつキレイで、村にはない電気と水道も完備されているのでこの家に住むことは非常に喜ばしいことだとはわかる。それでもどうしても心の整理がつかなかった。

結局その日は探していたキリンの姿はどこにも見えず、落胆して事務所に帰った。事務所で出会った昔からの知り合いに、「あの場所はキリンがよく仔育てをしていた場所だったのに……」と嘆くと、「公園はまだまだ広いし、キリンはどこか別の場所を探してそこで仔育てするよ」と言われてしまった。多くの生息地を奪われ、それでも残されたわずかな環境で必死に命を繋いでいる動物のためのそのわずかな土地でさえ、野生動物を守るべき立場にある公園が何の疑問も持たずに破壊してしまったことが、私はとても悲しかった。それでも見方を変えると、私が観察を始めたずっとずっと前に、原野が広がっていた場所が突如切り拓かれて、公園事務所や数棟の住居が建てられた。そしてそこに人間が住んだことで、キリンが人に慣れ私の徒歩調査が軌道に乗ったといっても過言ではない。

日本に帰ってから今回の出来事について考え続けていると、あの環境でキリン調査を続けていけるのか、どんどん迷いが生まれてきた。私自身、事務所や住居があることの恩恵を受けているはずなのに、自分に都合のいい部分にしか目を向けていない気もする。どんよりとした気持ちを引きずったまま時間が経つうちに、ある想いが浮かんできた。カタヴィで生きているあのキリンたちに今何が起こっているのか、そして起ころうとしているのかを見て、記録しようとしている人間は私以外にはいない。地球上にこんなにたくさんいる人間の一人くらい、キリンを含めた野生動物たちのそばに立って、この変化を見続けてもいいじゃないか、と思い始めた。変化を見続けることから私に何が発信できるのかはわからないけれど、事実を知ることなしには何も生まれない。これからはこれまで以上のスピードでもっともっとたくさんの変化が起こるだろうし、そのたびに現実から逃げ出したくなるかもしれない。それでもやっぱり、私はカタヴィのあのキリンたちのそばに立ち続けて、目で見たそのままの変化を記録していきたい。

隠しきれなかったケガ

野生キリンの寿命は、飼育下のキリンの寿命に比べて五年ほど短命だ。それは、捕食者がいるかいないか、という違いによる部分が大きい。これまで数多くの野生キリンを見てきたけれど、ケガをした個体を見た回数に比べ、ケガをしていない(ように見える)個体を見た回数は極めて少ない。人間だと大ケガをしたら病院に行って治療をしてもらい、たとえばケガをしたことを先生に報告して体育の授業を見学したり、仕事内容を配慮してもらったりするのが普通だろう。でも野生の環境で、「ケガをしたところが痛くて、ちゃんと歩けない」などと言っていたらどうなるだろう。あっという間に捕食者に狙われてしまう。だからケガをした野生動物の多くは、ケガ人に優しい人間社会で生きてきた私が発見するよりも前に捕食されてしまっているか、ケガをしていることを周りから気づかれないように必死に生きているのだ。

そんな中、私でも気づくことのできたキリンのケガを三例紹介したい。一例目は残念ながらその後死んでしまった個体なのだが、首が大きく曲がってしまった成獣オスだ。ある日林を歩いているときに、遠くからこちらをじっとみつめてくるキリンを発見した。そのキリンは一七日前にも観察

首が曲がってしまった成獣オス

ケガのせいでしっかりと採食できていないのか、首の付け根と脇腹のあたりが痩せているように見える。

された個体で、怒った顔のような模様が特徴的な立派な成獣オスだった。でも今日の彼の様子は何だかちょっとおかしい。双眼鏡を覗いてみると、その原因がわかった。なんと、首が途中で曲がってしまっている。あのだるま落とし遊びの、ちょうど真ん中にある玉を小槌で突いて、落ちる寸前で玉が止まってしまったような感じだ。一体どうして首の骨がずれたのかはわからない。走ったときに木に強打してしまったのか、オス同士でネッキングをして打ちどころが悪かったのか。採食はしていたがその子の脇腹はほっそりしていて、十分に食べ物を得ることができていない可能性があった。それから二〇日後、当時私が宿泊していた施設から少し離れたところで友達がキリンの死体を見つけたと言うので現場に行ってみると、個体識別のポイントである首の皮膚や、骨の様子がそのまま残っているキリンが倒れていた。亡くなっていたのは、あの首の曲がったオスだった（ウェブ付録写真14）。死んだ原因は断定できないけれど、全身の状態がよく残っていたので捕食者に襲われた可能性は低く、餓死したのではないかと思っている。首の曲がったキリンは、後にも先にも彼の他に見たことがない。

二例目のケガは、成獣メスに見られた。ある日の調査を終えた事務所への帰り道、セスナ機用の滑走路にメスがポツンと立っているのを見つけた。そして彼女の横では、小さな仔がこちらをじっとみつめて立っていた。初めてその仔に出会ったので、おそらく数日前に産まれたのだろう。新しい命の誕生にレンジャーのカレラと二人喜び、しばらくの間仔の観察をしていた。ふとお母さんの顔に双眼鏡を向けると、右目の周りにたくさん虫が飛んでいる。普段から虫はそこら辺を飛んではいるが、それにしては数が多すぎる。「なんだろう」と双眼鏡からズーム機能のあるビデオカメラに持ち替え彼女の顔を再び捉えると、右目が大きく肥大し血が滴り落ちているのが確認できた（ウェブ付録写真15）。あれは見ていて本当に痛々しかった。あの状態でちゃんと右目が見えていたかは怪しい。キリンは視力がいいことで知られ、実際草原などで私が数百メートル先にキリンを見つけたときには、彼らはすでに私たちの存在に気づいているときも多い。その視力が半減した状態で、産まれて数日の仔を守り育てていくのは容易ではないはずだ。「このままでは母仔揃っていなくなってしまうのでは」と、ハラハラしながら観察を続ける日々だった。しかし、野生の命は私が想像するほど簡単に消えてしまうものではなく、その母仔はその後も何十回にわたって観察された。痛々しかった目も一ヶ月後には、すっかり完治しているように見えた。

最後のケースは、人間が引き起こしたケガの例だ。獣道を歩いているとときどき、鉄製ケーブルやポリエチレン製の紐でできた動物捕獲用の罠を発見する。輪っか状になった部分に動物が脚や首を突っ込むとばねが外れてその輪がキュッと閉まり、逃げることができなくなる仕組みだ。もちろん国立公園内での狩猟は禁止されているので、密猟者が仕掛けた罠だ。タンザニア北部の公園に比べると、カタヴィではこの猟法はあまり用いられていないが、それでもその罠に野生動物がかかることがある。ある日キリンの群れを観察しているとき、一頭の成獣オスの歩き方がおかしいことに気がついた。右前脚に痛みがあるようで、その脚を庇うような歩き方をしている。双眼鏡で覗いてみると蹄の上あたりがぷっくりと腫れている。何かが原因でケガをして菌が入ったようだ。公園には獣医が勤務していて、私はときどき彼に調査中に出会った動物の様子を話すことがあり、この右前脚を引きずったキリンの話をしたときのことだった。彼が「そのキリンはもしかすると去年手当てをした子かもしれない」と言うのだ。よくよく話を聞くと、前年度私が調査を終えて日本に帰った後、右前脚にワイヤーがかかったままのキリンを公園のドライバーが発見した。そのキリンが人家の近くまで行ってたまたま落ちていたワイヤーに引っかかったのか、林の仕掛け罠に引っかかったのかはわからない。しかし成獣オスの力は相当なものだから、仕掛け罠だったとしても引きちぎってワイヤーをつけたまま歩き続けていたのだろう。ドライバーからそのキリンの報告を受けた獣医は、彼に麻酔を打って脚に絡まっていたワイヤーを外すことに成功した（ウェブ付録写真16）。治療時の写真に写っていたキリンの首の模様と、今回私が見つけたキリンの首の模様を見比べるとピタリと一致していた。つまり獣医が手当てをしてから八ヶ月以上も経ったのに、よほどワイヤーが内部にまで食い込んでいたのだろうか、傷跡が生々しく残っていてまったく完治していなかった（ウェブ付録写真17）。脚が痛み他のキリンの移動速度に付いていけないのかメスを追いかけることもせずに一人でいることが多く、座って休息することも多かった。傷ついた脚で必死に歩くオスを見ながら、そのケガの原因が私たち人間だと思うとどうしようもなく悲しくなった。

マサイキリンは絶滅危惧種

現在野生のキリンは、アフリカ大陸サハラ砂漠以南の国々に分布している。しかし幸運なことに、アフリカ大陸から遠く離れた日本の動物園でも、キリンを目にすることができる。街に出れば、キリンがデザインされた服やアクセサリーを見かけるし、キリンは日本でもよく知られているアフリカ大陸の動物の一つだろう。その一方で、彼らの野生での生息数が年々減少していることは、世界的にもあまり知られていない。二〇一六年には国際自然保護連合（IUCN）の絶滅の恐れがある生物をまとめたレッドリスト上で、キリンの絶滅危機の度合いは絶滅危急種に引き上げられた[5]。これはキリンが今すぐに絶滅することはないが、その恐れが増大していることを意味する。しかしキリンの生息数減少に対する社会の関心は高まらず、キリンは静かなる絶滅（Silent Extinction）に直面しているといわれる。生息数の減少に繋がる主な要因は、生息地の減少と分断化だ。農地などが広がって、キリンが生きることのできる環境が少なくなっているのだ。他にも、キリンの尻尾が現地の呪術に使用されることも、肉が食料として利用されることもある。さらに最近では、「キリンの肉がヒト免疫不全ウイルス（HIV）感染症の薬として効果がある」という迷信も現地で広まっている。

二〇二一年時点ではIUCNの分類上でキリンは一種九亜種となっているが、四種だ、いや三種だと主張している論文が近年立て続けに発表されている。[6][7] 将来キリンの種・亜種の分類が最新の研究結果によって書き換えられる可能性もあるが、ひとまずこれらどの論文でも「タンザニアにはマサイキリンのみが分布している」と結論づけられている。そして、そのマサイキリンの生息数はこの三〇年間で約五〇パーセント減と、他地域に生息するキリンと比べると非常に速いスピードで減少していて、タンザニアとケニア共和国に三万五〇〇〇頭が残るのみだ。そのため二〇一九年にマサイキリンは、絶滅危急種よりもさらに一ランク絶滅のリスクが高いことを表す絶滅危惧種として、レッドリストに新たに登録された。

野生動物保護の難しさ

静かなる絶滅に直面しているキリンを保護するための取り組みは、アフリカ大陸のさまざまな国、研究者、研究機関の間で始まっている。一方の私は、野生キリンの研究者として保護に貢献したい気持ちはあったけれど、具体的にどういった取り組みができるのか見えていなかった。それになんとなく、「保護」を声高に叫ぶことに抵抗があったのだ。というのも、まだカタヴィで調査を始めて間もない頃、いつものように調査に行こうと事務所に着くと、何日も洗っていないだろう穴だらけのシャツと半ズボンを着た、顔に深い皺が刻まれた男性が裸足で事務所の中庭に一人でじっと座っていた。その男性は長い銛のような物を持っていて、その先にはモルモットほどの大きさのラットが数頭刺さって死んでいた。「昨夜一人で公園内を歩いているところを捕まえたんだ。密猟者だ」とレンジャーが教えてくれた。

その男性の姿を見て、私は衝撃を受けた。タンザニアに来るまでの私の密猟者に対するイメージは、「みんな銃を持ち、車で公園内に入り込み、お金を得るために野生動物を殺す」というものだった。しかし、私が初めて見た「密猟者」の姿は、これまで想像していたイメージからは遠くかけ離れていた。密猟者と呼ばれる人々の多くは裕福な暮らしが送れず、自分や家族の今日、明日のための食べ物を得るために、ライオンなどに殺される危険も承知で原野に入っていく。その姿を見たときに私は「野生動物を守ろう!」と彼らに訴えても、今この瞬間を生きる現地の人たちにその言葉が理解されることは、永遠にないだろうと感じた。それに、彼らの生活の苦しみをほんの少しも味わっていない、先進国である日本から来た私がいきなり彼らに対してそんな言葉を発することはできない。その出来事以来、他国のキリン研究者とは対照的に、私はキリンも含めた「野生動物保護」に対して消極的になっていった。そんな中、調査を重ねて村人たちと交流を深めるうちに、彼らの多くが村からほんの少ししか離れていない場所に生息するキリンやシマウマといった野生動物を、ほとんど見たことがないことがわかってきた。

近くて遠い野生動物の楽園

カタヴィの一日の入園料は、タンザニアを含めた東アフリカ諸国のいずれかの国籍を持つ観光客の場合は五〇〇〇タンザニア・シリング（約二五〇円、以下シリング）、それ以外の国籍を持つ観光客は三〇米ドルで、その差は約一四倍だ[8]。しかし、タンザニア政府が発表したフォーマルセクター従事者の二〇一五年の平均月給は四〇万シリング（約二万円）[9]、インフォーマルセクター従事者に至っては平均月給は良くて一五万シリング（約七〇〇〇円）前後である[10]。そうすると、約二五〇円の入園料を出すことが苦しい家庭がたくさんあることは想像に難くない。特にカタヴィ周辺の、農業を主な収入源としている村々には会社らしい会社はほとんどなく、安定した現金収入の手立てがない家庭が多い。そのためますます「入園料を払ってまで野生動物を見に行く」という考えには至らない。結果として、野生動物を見ようと欧米各国から毎年たくさんの観光客がタンザニアを訪れている一方で、タンザニア人の多くが自国の野生動物を見たことがないのだ。ただし、食べ物を求めて自ら公園を出て村にやってくるカバやゾウ、ライオンなどは別だ。自国の動物を見たことがなく学校の授業で動物について学ぶ機会が乏しい子供たちは、他の国々から見て自国の野生動物たちが非常に貴重であることなど知る由もない。公園に勤めるレンジャーでさえ、私が「日本には野生のキリンやゾウはいないよ」と言うと驚く。タンザニアに生息している動物たちが、アフリカから遠く離れた日本の大地でも駆け回っていると思っているのだ。そういった事情を知っていくうちに私は、自国に生きる野生動物の姿を子供たちに見てもらい、それはタンザニアだけが持つとても貴重な財産だということを、彼らに気づいてもらうところから何か活動をできないだろうか、と思い始めた。

そこで調査が休みの日に、まずはお世話になっているレンジャーの家族を連れて公園内をめぐるようになった。しかしこのやり方では、毎回ほんの数人、しかもレンジャーの家族という「身内」に留まったままだ。「何とかもっと大勢の人たち、特に子供たちにアプローチできないか」と思っていたとき、環境教育活動をおこなっているNPO団体のタンザニア人の方々と、たまたま知り合うことができた。彼らは、カタヴィ周辺のプライマリースクール（初等教育学校）とセカンダリースクールで生物クラブの活動や、その存在が二〇一六年頃まで確認されているライオン狩りについて村の大人たちと意見交換をする活動をしていた。そんな彼らの助けもあり、私はまずセカンダリースクールでの講演活動から始めることにした（ウェブ付録写真18）。

まだ活動を始めたばかりで、実際に訪れた学校は少ない。けれど、これからもっともっとたくさんの子供たちに「動物を見る、知ることって楽しい、面白い。私たちの故郷の自然ってこんなにすごかったんだ」といった小さな気づきや、自信を持てる機会を提供していけたらいいなと思っている。そういった活動が、将来彼らが生活に困窮したときに密猟者になるのを防ぐのか、あるいは野生動物の保護に結び付くのかと問われると、答えに窮する。でも、彼らのそばに当たり前にある自然の奥深さを知ることで、ほんの少し心が豊かになり、その自然が簡単に壊れることを知ることで、今日、明日の一歩先を想像する力を持つことができるようになるかもしれない。

7章

卒　園

1 卒園生の未来

　これまでタンザニアでの長期調査を五回おこない、そのたびにキリンの首の模様のスケッチが、個体識別用ノートに増えていった。毎回カタヴィに着いて調査を始めた最初の数週間は、今日発見した子に過去の調査で出会っているかを、ノートを振り返って確認する。調査期間の間があいていても、すでに何度も出会っている子は目印になる模様を見れば「あ！　あの子だ！」とわかる。

　二〇一六年に、実に五年ぶりの長期調査でカタヴィに戻ってきたとき一番うれしかったことは、初めてタンザニアを訪れた二〇一〇年に産まれたオス、斜めハートと名付けた個体が立派に生き抜いていたことだった。大きく成長して模様を一目見ただけでは誰だかわからなかったが、なんとなく見覚えのある模様だ。確証を持てないまま家に帰って過去の記録と照らし合わせていくと、彼だとわかった。斜めハートは生後九年が経った二〇一九年の調査でも確認され、二〇一〇年には保育園にいたのに今では林を単独で歩いていく彼の姿を見かけることも増えてきた。そろそろ彼の仔も産まれるかもしれない。キリンのオスは年齢を重ねるにつれて、交尾相手となるメスを得るために行動圏を広げていく。しかし今のところ彼とは、彼が産まれ育った場所で出会うことが多い。彼のお母さんもまだ健在だ。

その斜めハートが産まれた一年後の二〇一一年に、三つ玉と呼んでいたオスが産まれた（5章第2節「メスをめぐるオスたちの戦略」で特定のメスたちと同じ群れにいる頻度が高い、と紹介した個体）。当時、三つ玉と彼の友達である他の二頭の仔でつくられていた保育園に、一歳年上の斜めハートもよく加わっていた。実は同じ保育園で育った経験が、その後のキリンの社会関係にどう影響していくのかはいまだ明らかにされていない。しかし、私が最後に調査をおこなった二〇一九年のデータからは、斜めハートと三つ玉の親密度（アソシエーション指標値）は〇・三四八と、全観察ペアの平均値（〇・一三八）よりも高いことがわかっている。つまり斜めハートと三つ玉は、まだまだ同じ群れで観察される頻度が高いのだ。青年期から壮年期への過渡期にいる彼らは、少しずつ一人前のオスとして単独行動が増えてきたものの、やっぱり幼馴染と一緒に行動したいときもあるのかもしれない。一緒にいる斜めハートと三つ玉を見つけては、あんなに身体が大きいキリンだけれど、私からしたらまるで中高生の男の子たちが仲良くつるんでいる姿を見ているかのようで、何とも微笑ましく思っている。今後彼らが、この土地に居続けるのか旅立っていくのか、それぞれどんな生き方を歩んでいくのか、行方を見守っていきたい。

二〇一〇年、当時すでに離乳期を迎えていたためお母さんから授乳を拒否されていた、おそらく生後一歳半〜二歳ほどだと思われる、トの字と呼んでいたメスがいた。そのトの字のお母さんは、当時追跡していたキリンのうち三本の指に入るほど、人間の存在を気にしないメスだった。二〇一一年から五年の時を経て、二〇一六年に私がカタヴィに戻ってきたとき、残念ながらそのお母さんの姿を見つけることはできなかった。野外調査では「キリンの誰々が死んだ」という事実を、確証を持っていえる機会はなかなかない。それは他の動物でもいえることだ。林を歩いていて死んだ動物に遭遇する確率は、生きている動物に遭遇する確率よりも格段に低い。動物たちは、どこか私の目の届かない場所で死んでいるか、小動物だったらハイエナなどに骨まで食べられていて痕跡が残らないのだろう。なので、数ヶ月に及ぶ調査期間中に一度もその姿を確認できなかったら、その個体は「おそらく死亡」と記録している。人間に慣れていて、保育園を通してずっと付き合ってきたお母さんが突然いなくなってしまうことはとても悲しい。しかしそんな中でも、残されたトの字はしっかりと生き抜いていた。そして彼女は、お母さんほどとはいかないまでも、私が観察していても走って逃げることはなく、姿を見せてくれた。さらに二〇一六年、トの字はお母さんとなり、白ぽちという成獣メス（5章第1節「もらい乳、目撃！」でお姉ちゃんのもらい乳を拒否していた個体）と、よく一緒に保育園をつくっていた。実はトの字のお母さんと白ぽちは、二〇一〇年にたびたび同じ群れで観察されていた。人間に比べて短命のキリンでは、おばあちゃんが孫と一緒の群れにいる姿は頻繁に見られるものではない。しかし、今は亡きトの字のお母さんの友達だった白ぽちが、五年の時を経てトの字と保育園にいる光景には心が温かくなった。まるで、白ぽちを介して、お母さんから娘に仔育ての知識が受け渡されているかのように私の目には映った。

2 私の強み

日本で野生キリンの研究をしている人は、現時点では私しかいない。海外勢はどうかというと、アメリカ合衆国やオーストラリア連邦、南アフリカ共和国の研究者たちがアフリカ各地のフィールドでキリンを追っている。「野生キリンの研究者仲間がいる」と思うとうれしくなるが、彼らが一堂に会する会議に出席すると、彼らの調査方法との大きな違いを痛感する。彼らの調査では車の使用が大前提なのだ。車だと長距離を移動して多くのキリンを観察することができ、それだけデータ量も増える。一方の私は、どれだけ歩き回ってもキリンが一頭も発見できない日がそれなりにあるし、彼らとのデータ量の差は歴然だ。論文を投稿しても、データ量不足が理由のリジェクトはこれまでに何度も経験し、昔も今もそのたびにとても落ち込む。でもあるときから、海外の研究者が見ているものと、私が見ているものの違いに気づくようになってきた。彼らの研究は車という足を活かして長距離を移動し、その先々で見たキリンの個体識別をおこなって一つの群れを構成している個体のデータを集める。そしてその膨大なデータから、キリンの社会関係や行動圏、個体群動態を明らかにしようとしている。一方の私はたくさんのキリンに出会うことはできないけれど、特定のキリンに焦点を当て個体追跡をおこなっている。キリンにずっと張り付いているからこそ、彼らの性格の違いまでわかるのであって、それは個体識別の間の数十分キリンと一緒にいるだけで見えるものではないだろう。もらい乳の研究はその良い例だと思っていて、何十時間も野外で特定の個体や群れを追跡するキリン研究者はめったにいない。地道にキリンを追いかけることで、野生のキリンでもらい乳はほぼ起こらないという、これまでの前提に疑問を投げかけることができた。

近年海外の研究者は、最新鋭の小さなデータロガーをキリンの頭部に装着させる研究も進めている。そうすると、キリンの利用環境を簡単に把握することができる。キリンが座っているか立っているかも、もしかするとデータロガーの標高差からわかるかもしれない。それでも私は、キリンにデータロガーをつけて情報がパソコンに届くのを待つよりも、キリンに何が起こっているのか、彼らのいる周囲の環境や状況も私の目で見たい。もしかすると、あるキリンの休息行動は他のキリンにちょっかいを出されて終わったのかもしれないし、人間や車が近くに来たために終わったのかもしれない。そういった背景をすべて読み取ることは、最新鋭のデータロガーを利用するだけではわからないのだ。

私がやっていることは単純で地味な作業が多く、いつか私のやっていることすべてを最新鋭機器が実現可能にしてしまうかもしれない。毎回たった一つの保育園のデータしか集められない中でデータ量問題を克服することは難しく、この問題はこれからも大きな壁として私の前に立ちはだかってくると思うけれど、それでも地道に私の足で歩いていきたい。そうして何とかこの世界に踏みとどまることで、キリン研究の新しい扉が見えてくると思う。そして何より、キリンと同じ時と場所で同じ風や匂いを経験することは、私の生き方を豊かにしてくれる。

　そんな一風変わった徒歩での野生キリンの調査を続けている私に、二〇二〇年一〇月、うれしい知らせが舞い込んできた。6章第2節「マサイキリンは絶滅危惧種」の項でも登場したIUCNの配下には、種の保存委員会（IUCN Species Survival Commission）という組織が存在するのだが、さらにその委員会の配下に一六〇ほどのグループがある。各グループはそれぞれ、飼育下にいる動物の野生復帰や温暖化などの問題に取り組んだり、あるいは特定の生物の専門家が集まって対象種の保護にかかわる提言をおこなう。その中に、キリン・オカピ専門家グループ（Giraffe and Okapi Specialist Group）もあるのだが、なんとそのグループに新たに私も参加できることになったのだ。今まで細々と調査を続けてきた努力や、調査から得た結果が海外のキリン研究者からも認められた、と感じた瞬間だった。それと同時にこれからは、野生キリンの専門家としての一意見を求められると思うと、気が引き締まる思いでいっぱいだ。そんな専門家グループで得た知識を日本社会に伝えていくことも、日本人の私にしかできない役割だと思っていて、これからどんな新しい挑戦が私を待っているのかと想像しては、ワクワクした気持ちになる。

3 Mama Twiga

私がカタヴィでのキリン研究から卒業するときは、まだまだ先だろう。二〇一九年にはカタヴィに入ってから三度目となる引越しをして、ついにシタリケ村に住むことにした。これまでもとてもお世話になってきた、ムレルワさん一家が暮らす家の離れに住むことにしたので、毎日朝早くから子供達の元気な声が私の部屋に届いてくる。水道も電気もない生活だが、それでも住めば都でカタヴィでの生活がやっと落ち着いて「自分の調査地を持てた」と思えるようになってきた。だんだんと公園周辺地域の人たちとの繋がりも増え、子供たちに野生動物の魅力を伝える活動も始まった。他の大型プロジェクトと比べると亀のような歩みだが、それでも一歩ずつ前進しているのではないだろうか。

初めてキリンの保育園を観察できたときは、文献の中だけの存在だった「キリンの保育園」に出会えた喜びにドキドキするばかりだった。それが今では、新しい仔が加わった保育園、初産を経験したメスを確認するたびに、「友達が増えてうれしいね〜」とか「新米お母さん頑張っているね!」と、まるで親戚をみつめるような心境になってきた。二〇一一年、二回目の調査のためにタンザニアに戻ったとき、あるレンジャーが私のことをMama Twiga（ママ・トゥイガ）と呼んだ。タンザニアでは子供を持つ女性の呼び名は「ママ」の後に、彼女の苗字でも名前でもなく、彼女の子供の名前が付け足される。日本だとママ友同士で「みさとちゃんのお母さん」などと呼ぶような感じで、こういった呼び名は人類学では、親名（テクノニム）として知られる。[1] ちなみに未婚の女性であればその女性の下の名前だけで、既婚だが子供がいなければママ＋旦那さんの苗字で呼ばれる。さて私が

仔をみつめる筆者

2017年、毎日毎日追いかけたキリンの仔のうちの1頭が筆者の視線の先にいる。10年先、20年先、この仔はどれほどたくましくなっているだろうか。

呼ばれた「ママ・トゥイガ」だが、トゥイガはスワヒリ語でキリンを意味する。つまり訳すと、「キリンのお母さん」だ。私が毎日毎日飽きもせずキリンの仔たちばかりを探し歩いていたので、私が初めての調査を終えてカタヴィを去った後、レンジャーたちはキリンを見つけては、「ママ・トゥイガはどうしているかな」と話していたらしい。そんなステキなあだ名を付けてもらい、初めて聞いたときはとってもうれしかった。私はこれからもキリンの仔の誕生、そしてお母さんたちの仔育てを見守る現役のMama Twigaでありたい。

おわりに

「キリンの保育園」。本書のタイトルから、読者のみなさんは一体どのような保育園の様子を想像されただろうか。人間の保育園のように開園や閉園時間があって、保育士さんがいて、仔たちが遊ぶにぎやかな声のする保育園だろうか。

本書で紹介してきたキリンの保育園は、そんな人間の保育園に起因するイメージとはかなり違っていたかもしれない。でも、人間の保育園のイメージに合致するものだけが「保育園」である必要はなく、キリンにはキリンの、さらには異なる環境に生息するキリンにはそれぞれの形の保育園があるのだ。そんな一見様子の違う保育園であっても、どれも「コドモが命を繋いでいくことができる場」として存在している。目的までの道筋はなんだって大丈夫なのだ。誰かがこうしているからといってそれに合わせる必要はなく、自分が一番好きな、自分に一番合った道で生きていけばいい。そんな多様な生きざまを選び取る大切さを、キリンの保育園は私に教えてくれた。

動物園でキリンを観察していると、来園者の方々のキリンに対する反応が耳に届いてくる。よく聞く言葉は、「おっきーい」、「首も脚も長いね」、「まつげがあんなに長くてうらやましい」だろうか。こういった反応は、人間とはその見た目が大きく異なるキリンへの純粋な驚きによる部分が大きい。

そこから一歩踏み込んで、「エレガントな歩き方！」といったような言葉が聞こえてくると、私はうれしくなる。なぜかというと、エレガントな歩き方かどうかはキリンをパッと見ただけではわからない。彼らを観察してこそ、ほかの動物と比較してこそ出てくる小さな気づきだと思う。つまりキリンに興味を持ち、彼らをもっと知ろうとしているサインのように聞こえるからだ。

私自身、「キリンの仔育てってどんなだろう？」という小さな疑問、気づきをきっかけに、フィールドワークの世界に足を踏み入れた。そして、彼らを観察すればするほど、わかった気になっていたことが実はわかっていなかったことに気がついたり、わかったと思ったらまた別の疑問にぶち当たってきた。

本書をきっかけにみなさんにも、動物園でキリンを観察して「たしかにキリンってシマウマとかゾウに比べて鳴かないね」とか「本当にキリンの授乳って、人間とは違ってお母さんからやめるね」とか、彼らの生態や行動についての小さな気づきがたくさん生まれてくれたらとてもうれしい。きっとそこから、みなさん自身のさらなるユニークな発想や疑問に繫がっていくことだろう。そうして、アフリカの大地に生きるキリン、そしてさまざまな動物たちの姿がみなさんの想像の中でもっと自由に動き出すことを願っている。

私が本書を書き上げることができたのは、他でもない新型コロナウイルス感染症の感染拡大によって、二〇二〇年のタンザニア渡航を断念せざるをえなくなったからだ。緊急事態宣言の発令下、家にこもりっきりの状態の中でこれまでの私自身の歩みを振り返っているうちに、タンザニアでの生活の日々が私にとってどれほど幸せなものであったのか、そして私がどれだけフィールドワークに魅了されているのかに、改めて気づかされた。そんな状況下での本書の第三稿の執筆中、ムレルワさんとカタヴィの友人から連絡が入った。

「カレラが、亡くなった」

カレラは本書でも登場したカタヴィ国立公園のレンジャーで、同い年ということもあり公私ともに仲良くさせてもらっていた私の調査の良きパートナーだ。彼なしでは、本書で紹介したキリンたちにまつわる数々のエピソードに出会うことはできなかっただろう。そして私がこれほどまでにフィールドワークを好きになれたのは、彼の支えがあったことも大きな理由の一つだ。博士課程の学生としての私の調査に毎日付き合ってくれたカレラはたびたび、「いつドクター・ミホになって、本を書くんだ」と尋ねてきた。カレラが本を手に取ることを待ちわびていたあのときから四年も経ってしまったが、ようやく形になった。この本を見たら、きっと彼はとても喜んでくれただろう。彼に本書を届けることが叶わずたまらなく寂しいが、一緒にこの本を書き上げたといってもいいカレラに、心からありがとうと言いたい。

私はキリン研究のためにタンザニアへと旅立ったわけだが、人との関わりなしでは何も成し遂げられなかった。カレラ以外にも多くのレンジャー、特にニュンジャ、ムバエ、スングワ、ムケレミ、ドート、ンダキ、マサソには本当にお世話になった。ムレルワさん一家、カタヴィ国立公園の関係者の方々、レンジャーの奥さんと子供たち、シタリケ村のみんな、調査を介して知り合った数多くのタンザニアの友人たち、私を温かく受け入れてくれたことに本当に感謝している。今ではカタヴィが私にとっての第二の故郷のように感じるようになった。みんなに、そしてキリンをはじめとする動物たちに会える日が早く戻ってくることを願っている。

初めての調査を始めるにあたって右も左もわかっていなかった私を、ためらわずにタンザニアへと送り出してくれた伊谷原一先生には深謝したい。伊谷先生の指導方針があってこそ、今の私の歩みがあったと思う。飯田恵理子さん、国立科学博物館の吉川翠さん、中京大学の小川秀司先生には、調査初期にウガラ隊として大変お世話になり、故根本利通社長をはじめとするＪＡＴＡツアーズの方々には、昔も今も変わらず現地生活のサポートをしていただき感謝している。大阪大学の中道正之先生には、キリンに限らず哺乳類の母仔関係を考えるうえで貴重なご意見をいただき、感謝申し上げたい。そして、タンザニア調査に旅立つときも、会社を辞めて復学するときも、心配しながらもいつも応援してくれる家族にも、ありがとう。

本書の企画の話をいただいたとき、その目標文字数を前に愕然としたが何とか書き上げることができた。ひとえに、黒田末壽さん、西江仁徳さん、京都大学学術出版会の永野祥子さん、嘉山範子さん、鈴木哲也さんから、いつも丁寧で前向きなコメントをいただけたおかげだ。お礼を申し上げる。

最後に、私を再びアフリカへと導いてくれたキリンのみんな。ミオンボ林の中でじっと座りながらみんなを観察していた時間は、何ものにも代えがたい幸せな時間だった。この忘れることのできない貴重な経験をさせてくれて、本当にありがとう。

ウェブ付録写真

写真はこちらから閲覧できます。
https://www.kyoto-up.or.jp/jp/kirin.html

1　アフリカン・サヴァンナ。樹間距離が長く、見通しが効く。この写真の中にキリンが二頭写っているが、見つけられただろうか。タンザニア北部に位置するタランギーレ国立公園（Tarangire National Park）にて撮影。

2　イクーのヒッポプール端にある水汲み場。人の後ろに広がる黒い泥の中に何頭ものカバが休んでいる。レンジャーたちはこのような大きなポリ容器に水を詰めて、公園各所でキャンプをする。

3　観光客を乗せたサファリカーの足掛けに、顎をのせ休息するメスライオン。

4　ピックアップ型のランドクルーザー。この車の後部スペースにみんなで立ち乗りしながら町へとショッピングに繰り出す。すでに悪路を何千キロメートルも走ったため車もかなりお疲れで、公園内で調子が悪くなることもしょっちゅうだ。写真の左手奥、アフリカゾウが二頭、川で水を飲むために林から出てきた。

5　写真の個体の下腹を見ると、真ん中から少し尻尾の方に寄ったところにポコッと下に飛び出た部分がある。そのポコッとした部分がある個体がオスで、性別を見分ける一番簡単なポイントだ。ちなみにこのオスはライオンに襲われたのか尻尾が途中で切れていて、野生ではそのような個体もたびたび見る。こういった特徴も個体識別の際に重要だ。

6　両個体とも成獣メスで、先ほどのオスとは異なりお腹の下は凸凹しておらず、きれいなカーブを描いている。また、頭もオスに比べてゴツゴツしていない。同じメスでも、右の個体は模様の茶色が濃く、左の個体は全体的に薄茶色、などの違いがある。

7　二ヶ月後に出産を控えた花の子。今こうしてみると確かにお腹が膨らんでいるようにも見えるが、観察時に妊娠中かどうかを断言するのはとても難しい。

8　樹木が点在している草原の様子。ミオンボ林と比べて樹間距離が長い。主にカバによって作られた獣道が、縦横無尽に走っている様子がわかる。写真にも、採食を終えたのか安息の場である川に帰ろうとしているカバが一頭写っている。

9　ソーセージのような実がぶら下がっている*Kigelia africana*。樹冠が広がり乾季でも葉を落とさない木なので、ライオンのお昼寝場所としてぴったりだ。樹高もあるので、きっと地面に寝そべるよりも風がよく吹き抜けて気持ち良いのだろう。

10　採食中の成獣オス。木の上部には青々とした葉があるが、下部には葉がなく枝だけが残っている。キリンが首と舌を伸ばして届く限りの範囲にある葉を一生懸命採食した証拠だ。

11　木の向こうで、成獣メスが身体を隠しながらも顔だけを隙間から覗かせてこっちを見ていた。まるでかくれんぼをしているようで、調査中に思わず笑みがこぼれる瞬間だ。

12　キリンの仔がみつめる先の藪の中に、カバの姿が見える（このとき、カバは寝転がってはおらず立っていた）。この後彼らは接触することなく、カバは川の方へと歩き去って行った。

13　無残にもカバが感電死した現場。写真右手の木に括りつけられたワイヤーが途中で引きちぎられ、地面に垂れているのがわかる。写真左手では連絡を受けた電力会社の作業員が、電線を安全な場所に再設置する作業をしている。

14　死亡した、首の曲がったキリン。首の皮膚が残っていたおかげで個体識別をすることができた。

15　右目が大きく腫れて出血している成獣メス。この状態からしっかりと回復した姿を見たとき、「さすが野生動物」と言いたくなった。

16　カタヴィ国立公園に勤務する獣医が、成獣オスの右前脚にかかったワイヤーを外している。

17　ワイヤーを外してから八ヶ月以上も経つのに、獣医が手当てをした右前脚はまだ痛々しい。

18　セカンダリースクールで実施した講演会の様子。写真中央奥で緑の服を着ているのが筆者。講堂にたくさんの学生が集まってくれた。一番後ろの子でも「ちゃんとスライドは見えるよ！」と言うから、彼らの視力の良さにびっくりだ。

[2] Foley, C., Foley, L., Lobora, A., De Luca, D., Msuha, M., Davenport, T. R. B. and Durant, S. M. *A Field Guide to the Larger Mammals of Tanzania.* Princeton University Press, 2014.

[3] Glonecková, M., Brandlová, K., Žáčková, M., Dobiášová, B., Pechrová, K. and Šimek, J. The weight of Rothschild giraffe—Is it really well known? *Zoo Biology*, 35: 423-431, 2016.

[4] Yong, H. Y., Park, S. H., Choi, M. K., Jung, S. Y., Ku, D. C., Yoo, J. T., Yoo, M. J., Yoo, M. H., Eo, K. Y., Yeo, Y. G., Kang, S. K. and Kim, H. Y. Baby giraffe rope-pulled out of mother suffering from dystocia without proper restraint device. *Journal of Veterinary Clinics*, 26: 113-116, 2009.

[2] Kissui, B. M. Livestock predation by lions, leopards, spotted hyenas, and their vulnerability to retaliatory killing in the Maasai steppe, Tanzania. *Animal Conservation*, 11: 422–432, 2008.
[3] Packer, C., Swanson, A., Ikanda, D. and Kushnir, H. Fear of darkness, the full moon and the nocturnal ecology of African lions. *PLoS ONE*, 6: e22285, 2011.
[4] Roelke-Parker, M. E., Munson, L., Packer, C., Kock, R., Cleaveland, S., Carpenter, M., O'Brien, S. J., Pospischil, A., Hofmann-Lehmann, R., Lutz, H., Mwamengele, G. L. M., Mgasa, M. N., Machange, G. A., Summers, B. A. and Appel, M. J. G. A canine distemper virus epidemic in Serengeti lions (*Panthera leo*). *Nature*, 379: 441–445, 1996.
[5] Muller, Z., Bercovitch, F., Brand, R., Brown, D., Brown, M., Bolger, D., Carter, K., Deacon, F., Doherty, J. B., Fennessy, J., Fennessy, S., Hussein, A. A., Lee, D., Marais, A., Strauss, M., Tutchings, A. and Wube, T. *Giraffa camelopardalis* (amended version of 2016 assessment). *The IUCN Red List of Threatened Species*, 2018.
[6] Fennessy, J., Bidon, T., Reuss, F., Kumar, V., Elkan, P., Nilsson, M. A., Vamberger, M., Fritz, U. and Janke, A. Multi-locus analyses reveal four giraffe species instead of one. *Current Biology*, 26: 2543–2549, 2016.
[7] Petzold, A. and Hassanin, A. A comparative approach for species delimitation based on multiple methods of multi-locus DNA sequence analysis: a case study of the genus *Giraffa* (Mammalia, Cetartiodactyla). *PLoS ONE*, 15: e0217956, 2020.
[8] Tanzania National Parks　URL: https://www.tanzaniaparks.go.tz/publications/11　2020年4月18日アクセス.
[9] National Bureau of Statistics, Ministry of Finance, The United Republic of Tanzania. *Formal Sector Employment and Earnings Survey*, 2015. *Tanzania Mainland*. October, 2016.
[10] 小川さやか『「その日暮らし」の人類学――もう一つの資本主義経済』光文社，87，2016年.

7章

[1] 奥野克巳「名前と存在――ボルネオ島・プナンにおける人，神霊，動物の連続性」日本文化人類学会編『文化人類学』76：417–438，2012年.

巻頭口絵

[1] Dagg, A. I. *Giraffe: Biology, Behaviour and Conservation*. Cambridge University Press, 2014.

equally by female giraffe (*Giraffa camelopardalis tippelskirchi*). *African Journal of Ecology*, 56: 1049-1052, 2018.

[6] Mann, J. and Smuts, B. B. Natal attraction: allomaternal care and mother-infant separations in wild bottlenose dolphins. *Animal Behaviour*, 55: 1097-1113, 1998.

[7] Bales, K., French, J. A. and Dietz, J. M. Explaining variation in maternal care in a cooperatively breeding mammal. *Animal Behaviour*, 63: 453-461, 2002.

[8] Nakamichi, M., Murata, C., Eto, R., Takagi, N. and Yamada, K. Daytime mother-calf relationships in reticulated giraffes (*Giraffa cameloparadalis reticulate*) at the Kyoto City Zoo. *Zoo Biology*, 34: 110-117, 2015.

[9] Berry, P. S. M. and Bercovitch, F. B. Leadership of herd progressions in the Thornicroft's giraffe of Zambia. *African Journal of Ecology*, 53: 175-182, 2015.

[10] Castles, M. P., Brand, R., Carter, A. J., Maron, M., Carter, K. D. and Goldizen, A. W. Relationships between male giraffes' colour, age and sociability. *Animal Behaviour*, 157: 13-25, 2019.

[11] Foster, J. B. and Dagg, A. I. Notes on the biology of the giraffe. *African Journal of Ecology*, 10: 1-16, 1972.

[12] Le Pendu, Y., Ciofolo, I. and Gosser, A. The social organization of giraffes in Niger. *African Journal of Ecology*, 38: 78-85, 2000.

[13] Carter, K. D., Seddon, J. M., Frère, C. H., Carter, J. K. and Goldizen, A. W. Fission-fusion dynamics in wild giraffes may be driven by kinship, spatial overlap and individual social preferences. *Animal Behaviour*, 85: 385-394, 2013.

[14] Saito, M. and Idani, G. How social relationships of female giraffe (*Giraffa camelopardalis tippelskirchi*) change after calving. *African Journal of Ecology*, 54: 242-244, 2016.

[15] Hoppitt, W. J. E. and Farine, D. R. Association indices for quantifying social relationships: how to deal with missing observations of individuals or groups. *Animal Behaviour*, 136: 227-238, 2018.

[16] Saito, M., Bercovitch, F. B. and Idani, G. The impact of Masai giraffe nursery groups on the development of social associations among females and young individuals. *Behavioural Processes*, 180: 104227, 2020.

6章

[1] Bond, M. L., Lee, D. E., Ozgul, A. and König, B. Fission-fusion dynamics of a megaherbivore are driven by ecological, anthropogenic, temporal, and social factors. *Oecologia*, 191: 335-347, 2019.

[4] Saito, M. and Idani, G. Giraffe diurnal recumbent behavior and habitat utilization in Katavi National Park, Tanzania. *Journal of Zoology*, 312: 183-192, 2020.
[5] Berry, P. S. M. and Bercovitch, F. B. Leadership of herd progressions in the Thornicroft's giraffe of Zambia. *African Journal of Ecology*, 53: 175-182, 2015.
[6] Dharani, N. *Field guide to common Trees & Shrubs of East Africa*. 2nd. Edt. Struik Nature, 2011.
[7] 近藤誠司著『ウマの動物学』（林良博・佐藤英明編「アニマルサイエンス1」），東京大学出版会，16-17，2001年.
[8] Caro, T. M. Abundance and distribution of mammals in Katavi National Park, Tanzania. *African Journal of Ecology*, 37: 305-313, 1999.
[9] Furstenburg, D. and van Hoven, W. Condensed tannin as anti-defoliate agent against browsing by giraffe (*Giraffa camelopardalis*) in the Kruger National Park. *Comparative Biochemistry and Physiology, Part A: Physiology*, 107: 425-431, 1994.
[10] Zinn, A. D., Ward, D. and Kirkman, K. Inducible defences in *Acacia sieberiana* in response to giraffe browsing. *African Journal of Range & Forage Science*, 24: 123-129, 2007.
[11] 松林尚志「ボルネオ島における塩場と野生哺乳類の関係」海外の森林と林業編集委員会編『海外の森林と林業』88：27-32，2013.
[12] Fleming, P. A., Hofmeyr, S. D., Nicolson, S. W. and du Toit, J. T. Are giraffes pollinators or flower predators of *Acacia nigrescens* in Kruger National Park, South Africa? *Journal of Tropical Ecology*, 22: 247-253, 2006.

5章

[1] Pratt, D. M. and Anderson, V. H. Giraffe cow-calf relationships and social development of the calf in the Serengeti. *Zeitschrift für Tierpsychologie*, 51: 233-251, 1979.
[2] Gloneková, M., Brandlová, K. and Pluháček, J. Stealing milk by young and reciprocal mothers: high incidence of allonursing in giraffes, *Giraffa camelopardalis*. *Animal Behaviour*, 113: 113-123, 2016.
[3] Saito, M. and Idani, G. Suckling and allosuckling behavior in wild giraffe (*Giraffa camelopardalis tippelskirchi*). *Mammalian Biology*, 93: 1-4, 2018.
[4] del Castillo, S. M., Bashaw, M. J., Patton, M. L., Rieches, R. R. and Bercovitch, F. B. Fecal steroid analysis of female giraffe (*Giraffa camelopardalis*) reproductive condition and the impact of endocrine status on daily time budgets. *General and Comparative Endocrinology*, 141: 271-281, 2005.
[5] Saito, M. and Idani, G. The role of nursery group guardian is not shared

can Regional/Global. International Species Information System, 2009.

[9] Saito, M. and Idani, G. Giraffe mother-calf relationships in the miombo woodland of Katavi National Park, Tanzania. *Mammal Study*, 43: 11-17, 2018.

[10] Pellew, R. A. The giraffe and its food resource in the Serengeti. I. Composition, biomass and production of available browse. *African Journal of Ecology*, 21: 241-267, 1983.

[11] Caister, L. E., Shields, W. M. and Gosser, A. Female tannin avoidance: a possible explanation for habitat and dietary segregation of giraffes (*Giraffa camelopardalis peralta*) in Niger. *African Journal of Ecology*, 41: 201-210, 2003.

[12] Baotic, A., Sicks, F. and Stoeger, A. S. Nocturnal "humming" vocalizations: adding a piece to the puzzle of giraffe vocal communication. *BMC Research Notes*, 8: 425, 2015.

[13] 中道正之「オランウータンの寛大な子育てと知性——平田論文へのコメント」心理学評論刊行会編『心理学評論』, 45: 331-333, 2002.

[14] Roulin, A. Why do lactating females nurse alien offspring? A review of hypotheses and empirical evidence. *Animal Behaviour*, 63: 201-208, 2002.

[15] Lent, P. C. Mother-infant relationships in ungulates. In: Geist, V. and Walther, F. (Eds.), The Behaviour of Ungulates and its relation to management, *IUCN Publications new series*, 24: 14-55, 1974.

[16] Wronski, T., Apio, A., Wanker, R. and Plath, M. Behavioural repertoire of the bushbuck (*Tragelaphus scriptus*): agonistic interactions, mating behaviour and parent-offspring relations. *Journal of Ethology*, 24: 247-260, 2006.

[17] Bercovitch, F. B., Bashaw, M. J. and del Castillo, S. M. Sociosexual behavior, male mating tactics, and the reproductive cycle of giraffe *Giraffa camelopardalis*. *Hormones and Behavior*, 50: 314-321, 2006.

[18] 近藤誠司著『ウマの動物学』(林良博・佐藤英明編「アニマルサイエンス1」), 東京大学出版会, 61-62, 2001年.

4章

[1] Dagg, A. I. *Giraffe: Biology, Behaviour and Conservation*. Cambridge University Press, 2014.

[2] Takagi, N., Saito, M., Ito, H., Tanaka, M. and Yamanashi, Y. Sleep - related behaviors in zoo-housed giraffes (*Giraffa camelopardalis reticulata*): basic characteristics and effects of season and parturition. *Zoo Biology*, 38: 490-497, 2019.

[3] Tobler, I. and Schwierin, B. Behavioural sleep in the giraffe (*Giraffa camelopardalis*) in a zoological garden. *Journal of Sleep Research*, 5: 21-32, 1996.

参考文献

1章

［1］ Langman, V. A. Cow-calf relationships in giraffe (*Giraffa camelopardalis giraffa*). *Zeitschrift für Tierpsychologie*, 43: 264–286, 1977.

［2］ Pratt, D. M. and Anderson, V. H. Giraffe cow-calf relationships and social development of the calf in the Serengeti. *Zeitschrift für Tierpsychologie*, 51: 233–251, 1979.

2章

［1］ 伊谷純一郎著，伊谷原一編『人類発祥の地を求めて――最後のアフリカ行』岩波書店，18，2014年．

［2］ Fennessy, J. Home range and seasonal movements of *Giraffa camelopardalis angolensis* in the northern Namib Desert. *African Journal of Ecology*, 47: 318–327, 2009.

3章

［1］ Le Pendu, Y., Ciofolo, I. and Gosser, A. The social organization of giraffes in Niger. *African Journal of Ecology*, 38: 78–85, 2000.

［2］ Berry, P. S. M. and Bercovitch, F. B. Darkening coat colour reveals life history and life expectancy of male Thornicroft's giraffes. *Journal of Zoology*, 287: 157–160, 2012.

［3］ Saito, M., Takagi, N., Tanaka, M. and Yamanashi, Y. Nighttime suckling behavior in captive giraffe (*Giraffa camelopardalis reticulata*). *Zoological Science*, 37: 1–6, 2020.

［4］ Coe, M. J. "Necking" behaviour in the giraffe. *Journal of Zoology*, 151: 313–321, 1967.

［5］ Pratt, D. M. and Anderson, V. H. Giraffe social behaviour. *Journal of Natural History*, 19: 771–781, 1985.

［6］ Horová, E., Brandlová, K. and Gloneková, M. The first description of dominance hierarchy in captive giraffe: not loose and egalitarian, but clear and linear. *PLoS ONE*, 10: e0124570, 2015.

［7］ Sinclair, A. R. E., Mduma, S. A. R. and Arcese, P. What determines phenology and synchrony of ungulate breeding in Serengeti? *Ecology*, 81: 2100–2111, 2000.

［8］ Bingaman Lackey, L. Giraffe studbook *Giraffa camelopardalis* North Ameri-

は

ま

ら

索引

＊**太字**の数字は写真・動画の掲載ページを示す。

Profile

齋藤美保（さいとう みほ）

2019年、京都大学大学院理学研究科博士課程修了（博士（理学））。日本学術振興会特別研究員（PD）を経て、現在は京都市動物園 生き物・学び・研究センターの研究員。幼少期のケニア在住経験からアフリカ、そしてキリンに興味を持ち、野生動物研究を志す。2010年からタンザニアをフィールドに、マサイキリンの母仔関係を研究している。先輩に「何を考えてるのかわからないところがキリンに似ている」と言われたり、美容師さんに「あなた、ほんとに首長いわねー」と言われた経験がある。素直に喜んでいいのかはよくわからないが、夢にまで出てくるキリンに似ていると思うと若干嬉しい。第11回京都大学優秀女性研究者奨励賞、第36回井上研究奨励賞を受賞。2020年10月より国際自然保護連合（IUCN）Giraffe & Okapi Specialist Groupのメンバー。

新・動物記 1
キリンの保育園
タンザニアでみつめた彼らの仔育て

2021年6月1日　初版第一刷発行

著　者　齋藤美保
発行人　末原達郎
発行所　京都大学学術出版会
京都市左京区吉田近衛町69番地
京都大学吉田南構内（〒606-8315）
電話　075-761-6182
FAX　075-761-6190
https://www.kyoto-up.or.jp
振替　01000-8-64677

ブックデザイン・装画　森　華
印刷・製本　亜細亜印刷株式会社

ISBN 978-4-8140-0333-4　定価はカバーに表示してあります

た膨大な時間のなかに新しい発見や大胆なアイデアをつかみ取るのです。こうした動物研究者の豊かなフィールドの経験知、動物を追い求めるなかで体験した「知の軌跡」を、読者には著者とともにたどり楽しんでほしいと思っています。

最後に、本シリーズは人間の他者理解の方法にも多くの示唆を与えると期待しています。人間は他者の存在によって、自己の経験世界を拡張し、世界には異なる視点と生き方がありうると思い知ります。ふだん共にいる人でさえ「他者」の部分をもつと認識することが、互いの魅力と尊重のベースになります。動物の研究も、「他者としての動物」の生をつぶさに見つめ、自分たちと異なる存在として理解しようと試みています。そして、なにかを解明できた喜びは、ただちに新たな謎を浮上させ、さらなる関与を誘うのです。そこで異文化の人々の世界を描く手法としての「民族誌（エスノグラフィ）」になぞらえて、この動物記を「動物のエスノグラフィ（Animal Ethnography）」と位置づけようと思います。この試みが「人間にとっての他者＝動物」の理解と共生に向けた、ささやかな、しかし野心に満ちた一歩となることを願ってやみません。

シリーズ編集

黒田末壽（滋賀県立大学名誉教授）

西江仁徳（日本学術振興会特別研究員 RPD・京都大学）

来たるべき動物記によせて

「新・動物記」シリーズは、動物たちに魅せられた若者たちがその姿を追い求め、工夫と忍耐の末に行動や社会、生態を明らかにしていくドキュメンタリーです。すでに多くの動物記が書かれ、無数の読者を魅了してきた今もなお、私たちが新たな動物記を志すのには、次の理由があります。

私たちは、多くの人が動物研究の最前線を知ることで、人間と他の生物との共存についてあらためて考える機会となることを願っています。現在の地球は、さまざまな生物が相互に作用しながら何十億年もかけてつくりあげたものですが、際限のない人間活動の影響で無数の生物たちが絶滅の際に追いやられています。一方で、動物たちは、これまで考えられてきたよりはるかにすぐれた生きていく術《スキル》をもつこと、また、他の生物と複雑に支え合っていることがわかってきています。本シリーズの新たな動物像が、読者の動物との関わりをいっそう深く楽しいものにし、人間と他の生物との新たな関係を模索する一助となることを期待しています。

また、本シリーズは研究者自身による探究のドキュメントです。動物研究の営みは、対象を客観的に知るだけにとどまらない幅広く豊かなものだということも知ってほしいと願っています。動物を発見することの困難、観察の長い空白や断念、計画の失敗、孤独、将来の不安。そのなかで、研究者は現場で人々や動物たちから学び、工夫を重ね、できる限りのことをして成長していきます。そして、めざす動物との偶然のような遭遇や工夫の成果に歓喜し、無駄に思え